KB122351

참나무라는 우주

참나무라는 우주

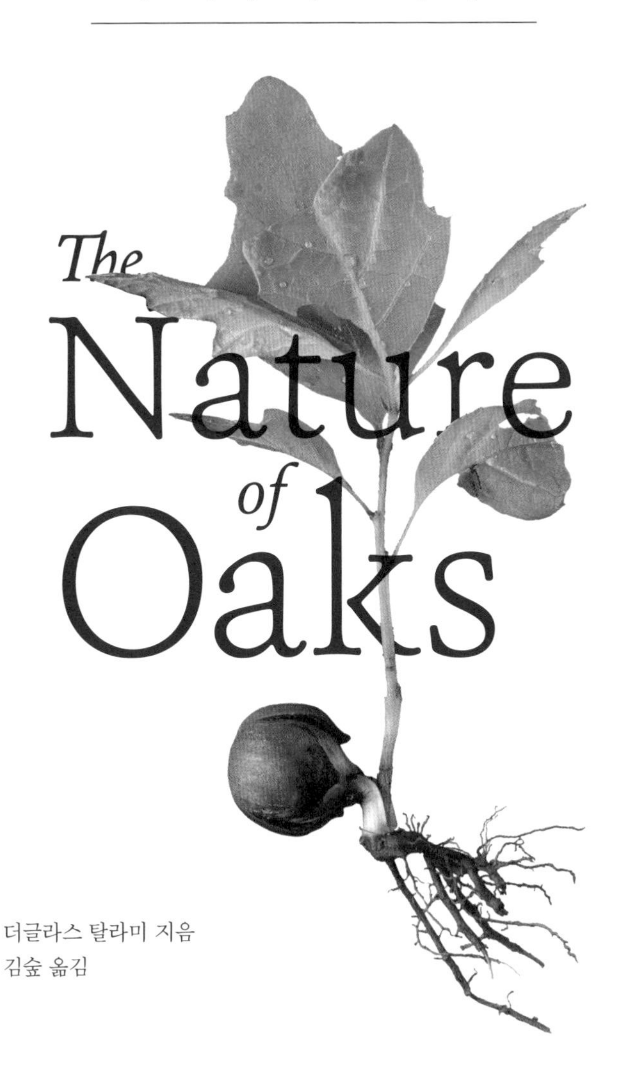

경이로운 한 그루, 참나무를 정원에 심으면 일어나는 일

더글라스 탈라미 지음
김숲 옮김

가지
KINDS BOOK

Oak

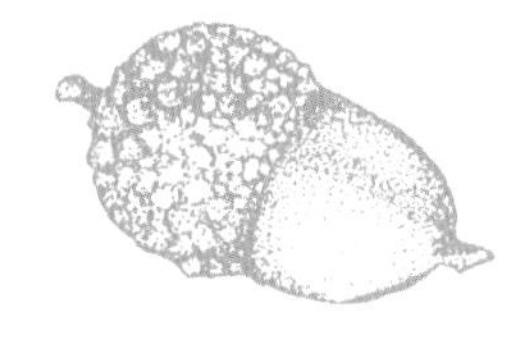

: 참나무

식물 분류상 참나무과 참나무속에 속한 나무들을 이른다.
지구 북반구의 온대부터 열대 지역에 걸쳐 약 600종이 폭넓게 분포하며,
목질이 단단하고 모자 쓴 열매 같이 생긴 도토리가 열리는 특징이 있다.
목재는 전통적으로 서양에서는 술통, 한국에서는 숯을 만드는 재료로 오래 쓰였다.

목록

일러두기

1. 책에는 북미 지역에 사는 참나무 종류를 비롯해 새, 곤충, 포유류 등 다양한 동식물의 이름이 등장한다. 가독성을 높이기 위해 생물명은 가능하면 우리말로 옮겨서 싣고, 뒤쪽의 부록 '책에 나오는 생물 목록'에서 원서에 실린 영명이나 학명을 찾아볼 수 있게 정리했다.
2. 글의 흐름상 중요한 생물의 이름이 처음 등장할 때는 특정한 종種인 경우 학명 또는 영명을 병기하고, 과科나 속屬 같은 무리를 지칭할 때도 그 이름을 병기했다.

추천의 말

자연생태계가 여러 층위에 걸쳐 맺고 있는 다양한 관계성과 경이로움에 대한 매혹적인 이야기로 가득 찬 이 아름다운 책은 숲의 핵심종인 참나무에게 보내는 찬사다. 무수히 많은 생명을 품고 키워내는 참나무라는 거인을 우리 주변에 심고 보호하고 즐기기 위해 꼭 필요하고 시의적절한 정보가 많이 담겨있다.

–데이비드 조지 해스컬, 『숲에서 우주를 보다』 『나무의 노래』 저자

처음부터 끝까지 강력한 매력으로 끌어당기는 책, 『참나무라는 우주』는 우리가 잘 들여다보지 못하는 자연에 대해 최고로 즐겁고도 과학적인 스토리텔링을 선사한다.

–릭 다케, 조경 디자이너, 『하이라인의 정원Gardens of the High Line』 의 공저자

참나무를 주제로 한 놀랍고 강렬한 책이다. 우리의 유일한 행성인 지구를 잘 관리하기 위해서는 무수히 많은 참나무를 심어야 한다. 그것이 희망찬 미래를 만드는 최선의 방법이다! 이 책이 세상의 많은 가드너들에게 새로운 영감을 주고 앞으로의 방향성을 알려줄 것이다.

–더 아메리칸 가드너

자연을 보존하는 일은 자연뿐만 아니라 우리 인간에게도 도움이 된다. 특히 '인간적인' 유대관계를 형성하는 데 말이다. 작가는 마지막 도토리를 줍는 순간까지 이런 유대감을 여실히 느끼게 한다.

–뉴욕타임스

자연에 없어서는 안 될 참나무를 애정 어린 시선과 과학적으로 풍부한 정보를 담아 바라본다. 열렬한 환경운동가라면 누구나 좋아할 만한 책이다.

–커커스

책을 다 읽을 때쯤이면 참나무가 우리 생태계에 얼마나 중요한 존재인지, 그리고 새와 곤충을 비롯해 얼마나 많은 동물이 참나무에 의지해 살아가고 있는지를 깨닫게 될 것이다.

—더 스콜라

이 책은 일종의 전기 같다. 자연을 구성하는 수많은 생명체들이 계절이 흘러감에 따라 어떻게 서로와의 관계를 공고히 해나가는지를 보여준다.

—오레고니안

이 책은 우리가 가장 사랑하는 나무 중 하나인 참나무 주변에 형성된 풍성한 생태계를 이야기한다. 그리고 그 생명의 그물을 우리의 정원과 공동체로 데려오는 방법을 알려준다.

—야후! 뉴스

작가의 생생한 경험과 말하는 듯한 문체 덕분에, 과학적 정보를 철저하게 다루면서도 아주 쉽게 읽힌다.

—호어컬쳐

작가는 오랫동안 사람들이 자발적으로 자연보호 활동에 뛰어들도록 독려해왔다. 이 책은 참나무 심기를 중심으로 한 실천법을 소개한다. 생태계 안에서 참나무가 차지하는 독보적인 위치부터 우리 집 정원에 어떻게 심고 가꿔야 하는지까지 아주 자세하게 말이다.

—울프리버 보호단체

역자 서문

어느 날 베란다 밖으로 내놓은 화분에서 싹 하나가 빠끔 얼굴을 내밀었다. 오랫동안 방치해둔 화분이었기에 싹의 정체가 궁금했다. 몇 주가 지나자 싹은 늠름한 본잎을 달았다. 이파리 모양이 어딘가 익숙했다. 물결치는 가장자리와 도톰한 두께로 미루어볼 때 참나무 가족임이 확실해 보였다. 궁금한 건 '대체 누가 도토리를 심었을까'였다. 직접 목격한 사람이 없어 추측할 수밖에 없지만 가끔씩 찾아오던 어치와 까마귀가 의심스러웠다. 아마도 둘 중 하나가 아니었을까?

어치와 까마귀를 향한 의심의 눈초리가 계속되는 동안 싹은 키를 10센티미터나 넘기며 제법 참나무의 모습을 갖춰갔다. 화분에서 더 이상 키울 수 없다는 생각이 들어 모종삽을 들고 밖으로 나섰다. 막상 나오니 옮겨 심을 장소가 고민됐다. 참나무는 척박한 환경에서도 잘 자라니 나무들이 빼곡히 들어선 뒷산에서도 잘 살아남지 않을까 싶었다. 지름 한 뼘이 넘는 토분을 들고 낑낑거리며 뒷산을 올랐다. 화분에 딸려온 지렁이나 채소 이파리에 숨어있던 달팽이를 몇 번 방생해준 기억은 있지만 식물은 처음이었다. 다행히 이 책을 번역하고 있던 때라 '참나무를 심는 법'이 큰 도움이 됐다. 책 내용에 따르면 구멍을 뿌리보다 옆으로 넓게 파야 했다. 일단 화분보다 더 넓은 크기로 구멍을 팠다. 화분을 뒤집어 참나무를 살살 꺼내자 그 안을 가득 메우고 있던 뿌리부가 드러났다. 작은 뿌리 하나라도 다칠세라 조심조심 구멍 안에 내려놓고 다시 흙을 덮고 나니 그제야 안심이 됐다. 갑갑한 화분 속에서 자란 참나무에 어느 샌가 부채의식이 생긴 듯했다. 바닥에 심은 자그마한 참나무와 그 옆에 있던 커다란 참나무를 번갈아 바라보았다. 이 어린 나무도 언젠가 저렇게 큰 나무로 자라지 않을까 하는 바람을 갖고 산을 내려왔다.

2022년 동해안에 번진 산불은 213시간 만에 진화되며 역대 산불 사고의 기록을 갱신했다. 기후가 변하면서 강수량이 줄어들고 그 결과 토양이 메말라 산불의 피해는 점점 더 심각해지고 있다. 산불 문제가 심각해지는 또 다른 이유로 소나무를 꼽기도 한다. 국내 삼림 수목의 20퍼센트를 차지하는 소나무의 송진은 불쏘시개 역할을 한다. 실제로 2022년 울진 산불은 소나무를 타고 이동하며 급속도로 번졌다. 그렇다고 원래 국내 삼림에 소나무 비율이 높았냐고 묻는다면 그건 아니다. 최근에 소나무가 늘어난 주 원인으로 2008년 산림청에서 실시한 '송이산 가꾸기 사업'을 꼽을 수 있다. 산림청은 송이버섯이 잘 자랄 수 있는 환경을 조성하기 위해 수십 년 동안 활엽수를 베어내고 그

자리에 소나무를 심었다. 산림청은 동해안의 토양이 척박해 활엽수가 자라기엔 적합하지 않다는 이유를 대며 간벌하고 소나무를 심었다. 그러나 참나무는 산불이 지나간 후에도 고사율이 20퍼센트밖에 안 될 만큼 산불에 강한 수종이다. 그런데도 소나무를 심기 위해 참나무를 간벌했으니 산불이 몸집을 키운 것은 어쩌면 당연한 수순이었을 테다.

참나무는 몸 안에 물을 잔뜩 저장하고 있어 녹색 댐이라고 불린다. 덕분에 산불에서도 비교적 안전할 수 있을 뿐만 아니라 다양한 생물의 보금자리 역할을 한다. 얼마 전 한 전시회에서 일본 작가인 후미 아이자와의 〈참나무 아주머니〉라는 작품을 만났다. 참나무로 가득한 숲에 살던 여러 동물이 참나무 숲이 사라지는 과정을 겪는 모습을 그려낸 작품이었다. 참나무에 열리는 도토리로 겨울을 나는 동물의 숫자는 셀 수 없을 정도로 많다. 여기저기 도토리를 숨겨두는 어치부터 멧돼지, 곰, 그리고 수많은 곤충들, 거기다 참나무 이파리를 주식으로 삼는 애벌레까지 나열하자면 책 한 권으로도 모자를 것이다. 참나무 한 그루에 의지해 살아가는 생명체의 숫자를 생각하면 엄청난 화마로 집을 잃었을 생명의 숫자는 감히 짐작키도 어렵다.

참나무를 자세히 들여다보면 재미난 곤충도 만날 수 있다. 가장 기억에 남는 건 이 책에도 등장하는 다양한 충영을 만드는 혹벌과 풀잠자리 알이다. 충영은 나무 조직 일부분이 변형된 알집인데 언뜻 보면 나무 열매 같이 생겼다. 처음 충영을 발견했을 때는 초심자의 행운으로 새로운 수종을 발견한 것이라 착각했다. '참나무 이파리에 처음 보는 열매라니! 식물도감에서도 못 봤는데.' 나중에 그것이 곤충이 만든 알집이라는 걸 깨닫고는 아무한테도 말하지 않은 걸 다행이라 생각했다. 충영의 종류는 정말 다양하다. 책에 실려 있는 다양한 사진을 보면 알 수 있듯이 크기, 색깔, 형태가 모두 제각각이다. 충영의 겉모습이 다양하다는 사실은 이미 알고 있었지만 내부의 형태도 다양하다는 건 이 책을 통해 처음 알게 됐다. 기생벌을 속이기 위해 충영 대부분의 속이 비어있다는 부분은 다시 읽어도 혹벌의 영리함에 혀를 내두르게 된다. 아무리 생각해도 예술을 아는 동물은 사람이 유일하다고 말하는 건 터무니없는 착각인 것 같다. 곤충도 예술을 한다고 생각하게 만든 또 다른 대상은 풀잠자리다. 책에도 쓰여 있듯 '풀잠자리 애벌레는 형제자매를 가리지 않고 만나는 곤충이란 곤충은 다 먹어치우는 포식성' 곤충이기에 다른 곤충들처럼 알을 한꺼번에 한곳에 낳을 수 없다. 그래서 고안한 방법이 바로 기다란 대롱에 알을 하나씩 매달아놓는 것이다. 공중에 매달린 알에서 깨어난 애벌레들은 그대로 자유낙하를 한다. 물론 알들은 이파리가 무성한 나뭇가지 사이에 매달려 있었기에 애벌레가 완전히 바닥으로 떨어지는 건 아니다. 숲속에서 적당한 자유낙하를 마치고 폭신한 이파리에 떨어지면 그 때부터 풀잠자리 애벌레는 눈에 띄는 모든 생명체들을 먹어치우기 시작한다.

참나무가 생태계의 쐐기돌 역할을 한다는 사실을 알고는 있었지만 구체적인 사례를 접하지 못해 늘 모호하게만 느껴졌다. 이 책은 그런 참나무의 매력을 한 꺼풀씩 벗겨서 해부하듯 알려주는 중요한 지침서다. 책의 흐름을 따라가다 보면 나도 모르게 작가의 집 정원에 앉아 커다란 참나무를 바라보고 있다는 착각이 든다. 한 자리에 굳건히 서서 시시각각 새로운 생명체를 맞이하는 거대한 참나무를 말이다. 새와 곤충, 나무를 사랑하고 자연 관찰의 매력에 빠져 있는 사람들에게 정말 추천하고 싶은 즐거운 책이 나왔다. 이제 참나무 한 그루에서 일 년 동안 벌어지는 생태적 사건들, 그 작고도 무한한 우주의 속을 들여다볼 시간이다!

2023년 여름을 보내며

김숲

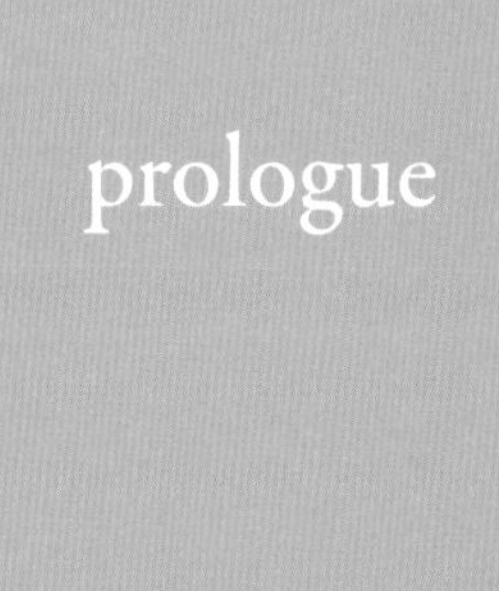

prologue

2000년 7월 15일, 아내와 나는 펜실베이니아주 남동쪽에 새로 지은 집으로 이사했다. 그날이 아들 생일이었기에 정확히 기억한다. 우리는 그해 아들의 생일선물로 렌트한 밴으로 이삿짐을 옮길 기회를 선사했다. 아들은 짐을 들고 현관을 나가던 중 쌍살벌 한 마리에 뒤통수를 쏘였다. 문설주 위쪽에 벌집이 있었는데 그 덕분에 아들은 가족 중 자신이 가장 키가 크다는 사실을 다시 한 번 체감해야 했다.

4만 제곱미터 크기의 마당은 우리가 이 집을 구매하기 전 수십 년 동안이나 건초를 재배하던 곳이었다. 나무라곤 마당 한 구석에 있는 히코리 세 그루와 세로티나벚나무 세 그루, 소를 방목했던 구역 가장자리의 오래된 울타리를 따라 군데군데 서 있는 큰떡갈나무 두 그루가 전부였다. 나는 마당에 나무를 더 많이 심고 싶어서 그해 가을 갈참나무 도토리를 몇 개 주워다 작은 화분에 하나씩 심었다. 도토리를 어디서 찾았는지는 잘 기억나지 않지만 아마도 아내와 내가 기분 내킬 때마다 조깅이나 산책을 했던 코스 반환점에 서있는 거대한 갈참나무 근처였을 것이다. 몇 년이 지나 우리는 가을이 올 때마다 그 나무 아래에서 도토리를 한 무더기씩 모았는데, 딱히 쓰임이 있었다기보다는 지나가는 차나 잔디깎기에 도토리가 으스러지는 걸 보고만 있을 수 없었던 이유가 가장 컸다.

갈참나무 도토리는 땅에 떨어지자마자 발아해 그해 첫 서리가 내리기 전에 나무의 원뿌리*가 될 뿌리 하나를 땅속 깊숙이 내린다. 그리고 겨울 동안은 휴식을 취하며 이듬해 봄이 올 때까지 이파리를 만들지 않는다. 이 첫 해 동안 지표 위로 드러나는 성장은 매우 더디다. 키는 겨우 몇 센티미터밖에 자라지 않고 단 한 쌍의 떡잎만 고개를 들고 있다. 이는 미국느릅나무나 양버즘나무와 비교하면 달팽이 같은 속도인데 그 두 나무가 첫 해에 60센티미터 이상 자라는 것을 보면 참나무의 성장이 매우 더디다는 일반의 인식도 어느 정도 일리가 있다. 하지만 지표 아래에서의 성장 속도는 완전히 다르다. 참나무 떡잎은 그해 흡수한 태양 에너지를 전부 뿌리를 성장시키는 데만 사용한다. 사실 첫 해가 지나면 어린 참나무는 땅 위로 자란 이파리와 순을 모두 합친 것보다 열 배는 더 많은 바이오매스biomass**를 땅속에 지니게 된다.

참나무는 일생에 걸쳐 어마어마한 양의 뿌리를 만들며 그

---

* 나무의 중심에 있는 굵은 뿌리.

** 단위 면적당 생물체의 무게.

덕분에 토질 안정, 탄소 격리, 유역 관리라는 자연에 이로운 역할을 놀라울 만큼 잘 수행한다. 윌리엄 브라이언트 로건(2005)은 로부르참나무*Quercus robur* 뿌리부의 규모를 측정하려 했던 스칸디나비아 연구진의 이야기를 들려줬다. 로부르참나무는 과거 영국의 여러 왕들이 개인 사냥터로 조성하기 위해 그 숲을 오랫동안 보존하면서 '영국참나무' 혹은 '왕의 참나무'라는 이름으로 유명해졌다. 연구진에게는 대단한 기술이 필요하지 않았다. 그저 흙을 파내 나무뿌리가 얼마나 뻗어있는지를 확인하는 게 전부였다. 며칠 동안 흙을 파낸 끝에 연구진은 참나무의 우거진 가지보다 뿌리가 세 배는 넓게 퍼져나간 것을 보았고 얼마 지나지 않아 이 뿌리가 끝도 없이 연결된 게 아닐까 하는 생각과 함께 땅 파는 일을 포기했다. 물론 그렇진 않았겠지만, 이들의 노력으로 참나무 뿌리가 지표 위로 보이는 가지만큼만 뻗어있다는 속설은 완전히 깨졌다.

나는 갈참나무 도토리를 화분에 먼저 심었다. 땅에 바로 심으면 들쥐나 미국흰발붉은쥐가 겨울을 나며 도토리의 99퍼센트를 먹어치울 가능성이 있기 때문이었다. 겨울 동안 이들이 참나무 화분을 넘보지 못하게 막는 건 정말 힘들었지만 어찌어찌해서 다음 해 6월에는 자그마한 갈참나무를 땅으로 옮겨 심을 수 있었다. 하지만 어린 갈참나무는 과테말라흰꼬리사슴이 좋아하는 먹이 중 하나다. 그래서 첫 해에는 묘목 주변에 닭장 같은 울타리를 둘러놓고, 그 다음 4년은 더 안전하게 보호하기 위해 아연을 도금한 1.5미터 높이의 철망으로 바꿔줬다. 어린 갈참나무에게 한 번인가 두 번 정도 물을 줬던 것 같지만 내 게으름 탓에 의도치 않게 비료는 주지 않았다. 당시엔 몰랐지만 참나무속*Quercus* 나무 대부분은 고농도의 질소 비료를 필요로 하지 않고 비료를 주면 오히려 해로울 수도 있다고 한다. 참나무들은 마지막 빙하기가 끝난 후 지구에 남아있는 척박한 토양에서 잘 자랄 수 있도록 진화했으며 특히 갈참나무는 척박하고 깊이가 얕은 흙에서 더 잘 자란다.

도토리를 심고부터 18년이 지났다. 그 작았던 나무가 이제 키 14미터, 몸통 둘레 1.2미터에 달하고 양옆으로 가지를 9미터까지 뻗고 있다. 이 눈부신 성장에도 우리집 참나무는 아직 유아기에 머물러 있다. 일반적으로 참나무들은 수명이 굉장히 긴데, 야생에서 자라는 루브라참나무나 캐니언참나무처럼 우리집 갈참나무도 하수도나 도로, 지하실, 주차장, 그밖에 여러 인공물에 방해받지 않고 뿌리를 자유롭게 뻗어갈 수만 있다면 수백 년은 우습게 살 것이다. 이 놀라운 일생 동안에 참나무 한 그루는 평균 300만 개의 도토리를 떨어뜨려 셀 수 없으리만치 많은 생명체를 먹여 살린다. 도토리를 먹는 동물은 정말 많다. 수십 종의 새, 설치류, 곰, 아메리카너구리, 주머니쥐, 쥐잡이뱀, 울타리도마뱀, 다양한 나비, 수백만 종의 나방, 혹벌 등이 있고 그 외에도 우리 눈에 잘 보이지 않는 곳에 사는 기생충, 바구미, 다양한 거미를 포함한 열댓 종의 절지동물, 연체동물, 환형동물들이 참나무에서 영양분을 얻거나 참나무 낙엽을 활용해 제 몸을 보호한다.

참나무를 중심에 두고 다양한 생물들로 이루어진 이 생태계망은 겉으로 잘 드러나지 않기에 안타깝게도 정원이 있는 주택에 사는 사람들은 물론이고 생물학자들도 그 진가를 알지 못하는 경우가 많다. 실제로 많은 사람들이 낙엽을 쓸어내는 데 지쳤다는 이유로 마당에 있는 참나무를 베어버린다. 이런 무심함은 말할 것도 없이 정보의 부재 탓이다. 알지 못하는 대상이 지닌 생태학적 의미에 누가 관심이나 기울이겠는가. 오늘날 우리 문화는 자연사로부터 점점 더 멀어지고 있고 사람들의 관심은 온통 디지털 시대에 매몰돼 자투리 시간에도 스마트폰이나 텔레비전을 보느라 바쁘다. 오늘날 학교에서는 자연사를 거의 가르치지 않고, 학생들은 우리 주변에 사는 생명체들에 대해서는 거의 알려주지 않는 디지털 기기를 활용해 수많은 과제를 해결하고 있다. 나는 사회에서 성공한 구성원으로 활약하는 고학력 지식인들 중에서도 참나무 한 그루가 그와 연결된 먹이사슬과 주변 생태계에 어떤 중요한 서비스를 제공하는지는 고사하고, 흔한 참나무 종류조차 구분하지 못하는 경우를 수없이 봤다. 그들은 자연사에 대한 지식이 거의 없기에 그것이 얼마나 중요한 문제인지를 짐작하지도 못한다.

내가 이 책을 쓰기로 결심한 것은 그 때문이다. 여러분이 살아가는 공간에 참나무가 한 그루도 없다면 지구의 많은 경이로운 생명 활동이 주변에서 벌어질 기회를 놓치는 것과 마찬가지다. 누군가 알려주지 않는 한 당신은 그 사실을 절대 알 수 없다. 소나무, 벚나무, 느릅나무, 자작나무를 주제로도 비슷한 책을 쓸 수 있고 그 외 어떤 나무로도 독특하고 매혹적인 이야기를 들려줄 수 있지만 참나무만큼 인상적이진 못할 것이다. 참나무는 북미를 비롯해 지구 북위도상에 서식하고 있는 그 어떤 나무들보다도 훨씬 많은 생명체와 흥미로운 관계를 맺으며 살아간다. 그 모든 생명체가 한번에 동시에 모습을 드러낸다거나 일 년 내내 참나무에만 머무르는 종은 없다. 몇몇은 수명이 너무 짧아 여러분의 집 앞에 찾아온 그날이 아니라면 영영 만나지 못할 수도 있다. 여러분의 집에, 그리고 원한다면 여러분의 삶에 참나무가 미치는 영향과 그 생태적 가치를 온전히 이해하기 위해서는 모든 계절, 모든 달마다 참나무 주변에서 어떤 일이 벌어지는지 주의 깊게 들여다볼 필요가 있다. 이 책은 아마 여러분 곁에도 살고 있을 참나무와 연결된 수많은 생명체의 활동을 달마다 한 장씩 정리하는 방식으로 썼다. 내게 그 여정은 10월에 시작됐는데, 10월이 참나무를 관찰하기에 최적의 달이라기보다는 내가 이 책을 쓰기로 마음먹은 게 그때였기 때문이다.

October

우리집 마당에서 더 이상 건초를 만들지 않게 되면서 그동안 성장이 억제됐던 아시아 침입종侵入種*들이 우후죽순으로 자라나기 시작했다. 이 식물들은 내가 원하는 야생동물들을 우리집으로 초대할 수 없기에 어느 주말 가족들끼리 곡괭이를 들고 커다란 찔레나무를 뿌리째 뽑아버리기로 했다. 함께 뽑은 잡초들을 산더미같이 쌓아두고 보니 정말 만족스러웠다. 우리 마당에서 침입종을 하나씩 뽑아낼 때마다 땅에는 커다란 빈 공간이 생겼다. 그리고 이듬해 봄, 이렇게 한차례 갈아엎은 마당에서 갈참나무와 너도밤나무 싹이 솟아나는 걸 보고 나는 정말 신이 난 동시에 어리둥절해졌다. 어리둥절한 이유는 이 둘이 어디서 나타난 건지 도무지 알 수 없었기 때문이다. 청설모가 놀라울 정도로 먼 거리까지 도토리를 옮기기도 하지만 도토리가 열릴 정도로 크게 자란 참나무가 우리 정원에도, 근방에도 없었기 때문이다. 우리 마당에서 싹을 틔운 도토리가 너도밤나무라는 사실

* 원래 서식지가 아닌 곳에 들어와 토착종을 몰아내고 자리 잡은 생물.

을 깨달았을 때 놀라움은 더욱 커졌는데, 다른 참나무들과 달리 너도밤나무 씨앗(도토리)은 땅속에서 일 년 이상 머물러 있지 못하며 씨앗 창고에서도 몇 년을 묵힌 후에는 싹을 틔울 수 없기 때문이다. 나는 정말이지 '벙쪘다!'

새들과의 오랜 공생관계

나는 생태계의 이런 수수께끼를 정말 좋아해서 특별한 이유도 없이 복도를 서성이며 풀리지 않는 문제와 씨름하곤 한다. 하지만 이 문제로 골머리를 앓기 시작한 지 얼마 지나지 않아 파란어치blue jay가 부리에 도토리를 물고 날아가는 모습을 어느 사진잡지에서 목격했다. 몇몇 논문을 찾아본 결과, 내가 거의 답을 찾았다는 것을 알았다. 땅을 한차례 갈아엎어 동물들이 씨앗을 숨기기 쉬워진 우리집 마당 여기저기에 도토리를 심은 범인은 바로 파란어치였다. 파란어치는 미 동부 대부분 지역에서 볼 수 있는 유일한 어치로, 북미에는 비슷한 어치류가 여덟 종이 있고 전 세계로 따지면 대략 40종이 있다. 어치들은 약 6천만 년 전, 오늘날 동남아시아의 공통조상에서 갈라져 나왔는데 참나무와 그 진화적 흐름과 시공간이 일치한다. 참나무와 어치의 관계는 시작부터 굉장히 잘 맞았다. 참나무는 어치가 먹기에 완벽한 크기와 형태의 영양가 높은 열매를 많이 만들어냈고, 어치

○ 파란어치는 겨울을 나기 위해 참나무 반경 1킬로미터 떨어진 곳에까지 도토리를 숨긴다.

는 이 식량을 오랫동안 보관하기 위해 숲의 이곳저곳에 숨기면서 참나무 씨앗을 퍼뜨리는 역할을 했다. 참나무에 의존해 사는 동안에 어치는 여러 누대에 걸쳐 신체 구조와 행동적인 측면에서 도토리의 특성에 맞춰 진화했다. 끝이 살짝 구부러진 부리는 도토리의 겉껍질을 벗겨내기에 안성맞춤이고, 넓은 식도(목에 있는 주머니)를 지닌 덕분에 한 번에 다섯 개까지 도토리를 옮길 수 있다.

어치가 한 번에 여러 개의 도토리를 옮길 수 있다고 해서 모두 같은 장소로 가지고 가는 건 아니다(Bossema 1979). 대부분의 새들이 가뭄이나 한파가 찾아오는 짧은 기간에 대비해 씨앗을 숨기는 데 반해, 어치는 긴 겨울을 나기 위해 자신의 활동 영역 전반에 걸쳐 땅속에 도토리를 하나씩 숨겨둔다. 심지어 참나무에서 1킬로미터 떨어진 곳까지 물어다놓기도 하니 도토리 퍼뜨리기에 있어 어치가 최고 권위자라는 사실은 인정해줘야 한다. 나는 파란어치가 도토리를 우리집까지 가져와 숨겼다는 사실을 납득할 수 있었다. 적어도 우리집 반경 1킬로미터 내에는 거대한 갈참나무와 너도밤나무가 있었으니 말이다.

어치가 자신이 숨긴 도토리의 위치를 다 기억해 먹이가 필요한 겨울 동안 정확히 그 장소를 찾아가 먹을 것이냐고 묻는다면, 그건 정확하다. 대부분의 어치에게 이는 별로 어려운 일이 아니다. 설사 다 기억을 못한다고 해서 누가 뭐라고 할 수 있겠는가. 어치 한 마리는 매년 가을에 평균 4500개의 도토리를 숨기고 그중 4분의 1을 봄이 오기 전에 꺼내 먹는다. 만약 12월에 쿠퍼매가 어치를 사냥한다면 그 어치는 숨겨놓은 도토리를 하나도 꺼내 먹지 못할 것이다. 결과적으로 어치들은 7~17년의 수명 동안 매년 3360그루의 참나무를 심는다는 통계가 나와 있다. 의심할 여지 없이 어치는 참나무가 지구상의 다른 어떤 나무들보다 빠르게 퍼질 수 있도록 도와주는 일등 조력자다.

도토리가 원래 자라난 곳(나중에 빛, 영양분, 물을 놓고 벌어질 경쟁에서 대부분은 질게 뻔한 장소) 근처에서 가능한 한 멀리 이동하는 건 참나무에게 엄청난 생태적 혜택이다. 그리고 참나무는 어치와의 관계에서 그 외에도 다른 중요한 혜택을 얻고 있을지 모른다. 수많은 유기체와 마찬가지로, 참나무는 긴 생애 동안 성가신 질병과 계속해서 싸워야 한다. 최근 수십 년 동안에도 북미의 참나무들은 다른 대륙에서 건너온 질병의 공격을 받고 있는데 전 세계 몇몇 국가에서 크게 번졌던 참나무급사병과 참나무시들음병이 대표적이다. 그런데 그 와중에도 몇몇 나무는 두 가지 질병 모두에 어느 정도 저항성을 보였다. 질병이 한 지역을 덮쳤을 때 이런 저항성 있는 나무들이 우수한 도토리를 많이 생산해내고, 어치는 이 나무들의 도토리를 우선적으로 퍼뜨리게 된다. 비록 많은 참나무가 생소한 질병으로 인해 급속도로 고사하게 될지라도 건강한 참나무 씨앗은 어치를 통해 북미 전역에 퍼져나가고 이 과정을 거치면서 미래의 참나무는 질병을 극복하게 된다. 이는 가장 이상적인 자연선택natural selection*의 예로, 참나무와 어치 사이의 관계가 잘 형성돼 있을 때만 일어날 수 있는 일이다.

---

* 같은 환경 조건에서 유리한 유전인자를 지닌 개체가 그렇지 않은 개체보다 살아남을 확률이 높다는 이론.

당연한 말이지만 도토리를 좋아하는 새는 어치 말고도 많다. 칠면조, 루이스딱다구리 그리고 수많은 오리류(특히 깃털이 매우 아름다운 아메리카원앙)에게 도토리는 긴 겨울을 나는 데 중요한 식량이다. 그리고 댕기머리박새, 콜린메추라기, 붉은배도토리딱다구리, 쇠부리딱다구리, 붉은허리발풍금새, 미국까마귀, 흰가슴동고비는 그들이 숨겨놓은 도토리를 훔쳐 먹을 기회를 노린다. 새들은 보통 도토리를 찾는 즉시 먹어치우지만 서부 참나무 삼림지대에 서식하는 도토리딱다구리acorn woodpecker는 예외다. 도토리딱다구리는 한 구멍에 하나씩 수백 개의 도토리를 저장하는 데 도가 텄다. 이들은 무리를 지어 생활하면서 항상 같은 나무에 도토리를 저장하는데 이런 방식으로 매년 가을에 5만 개 정도의 도토리를 모은다. 만약 당신이 서부지역에 살고 집에서 도토리 구멍을 볼 수 있을 만큼 운이 좋다면 넷플릭스 구독을 취소해도 좋다. 이 딱따구리들이 도토리를 모으는 모습을 매일 지켜보는 것만으로도 충분히 즐거울 테니 말이다!

겨울 동안에 도토리를 식량으로 삼는 포유류의 이름을 들자면 끝도 없다. 회색큰다람쥐가 도토리를 좋아한다는 사실은 유명하며 청설모, 날다람쥐, 다람쥐, 토끼, 흑곰, 과테말라흰꼬리사슴(늦가을에 과테말라흰꼬리사슴 식단의 75퍼센트는 도토리다), 주머니쥐, 아메리카너구리, 미국흰발붉은쥐 그리고 들쥐도 도토리를 정말 좋아한다. 그리고 놀라지 마시길! 도토리에는 많은 양

○ 미 서부 전역에 걸쳐 서식하는 도토리딱다구리. 참나무 수피를 뜯어내고 구멍을 여러 개 만들어 도토리를 저장하는 습성이 있다.

의 단백질과 지방뿐 아니라 칼슘, 인, 칼륨, 나이아신 등 다양한 영양분이 들어있다. 이렇게 영양가 높은 도토리가 다양하게 열리지 않았다면 위에 언급한 수많은 포유류는 아시아에서 들어온 밤나무줄기마름병으로 동부 숲의 미국밤나무 씨가 말랐을 때 진작에 함께 사라졌을 것이다.

참나무가 해거리를 하는 이유

도토리에 대한 이야기를 하는 김에, 참나무가 주기적으로 무수히 많은 도토리를 생산하는 현상에 대해서도 얘기해보자. 군데군데 자란 한두 그루 정도가 아니라 그 지역 거의 모든 참나무가 같은 해 보기 드물 정도로 많은 양의 도토리를 주렁주렁 생산하는 현상에 대해서 말이다. 가장 최근에 이런 현상은 2019년 가을, 조지아주부터 매사추세츠주까지 미 동부 전역에 걸쳐 루브라참나무들이 어마어마한 양의 열매를 맺은 모습으로 관찰됐다. 생물학적으로는 이런 현상을 '해거리masting'라 부르는데 수백 년에 걸쳐 많은 연구진이 그 이유를 밝히려 노력해왔다. 내가 대학원에 다닐 때는 해거리가 도토리를 먹는 동물의 숫자를 조절하기 위해 참나무가 선택한 생존법 중 하나라고 배웠다. 만약 참나무가 해마다 예측 가능한 만큼의 도토리만 계속 생산한다면 다람쥐, 사슴, 쥐, 어치, 원앙 등은 그 숫자에 맞춰 개체수를 늘릴 수 있을 것이다. 그리고 이는 참나무에겐 좋은 소식이 아니다. 매년 어마어마한 숫자의 동물이 도토리를 남김없이 먹어치운다면 참나무 번식률은 곤두박질칠 것이기 때문이다. 반면에 참나무가 예상치 못한 어느 해에 평년보다 훨씬 많은 양의 도토리를 생산한다면(그러니까 어느 한 해 막대한 양의 도토리를 만들어낸다면) 그중 일부는 먹이를 두고 싸우는 동물을 피해 싹을 틔울 수 있을 것이다.

참나무들이 이렇게 동시에 많은 양의 도토리를 생산하는 데는 또 다른 이점이 있다. 해거리가 생존을 위한 적응이든, 단순히 운이 좋은 결과이든 말이다(Koenig와 Knops 2005). 도토리를 먹는 동물의 입장에서 도토리가 특히 많이 열린 해에는 먹을 식량이 끝도 없을 것이다. 이는 그들의 개체수를 어느 선 이하로 조절해온 가장 큰 원인이 제거됐다는 의미로 그해에 새, 다람쥐, 쥐, 사슴 등은 다른 어떤 해보다 훨씬 많은 새끼를 성공적으로 길러낼 수 있다. 그러나 새로 태어난 생명체에게는 안타까운 일이지만, 도토리가 많이 열린 그 다음 해에는 일반적으로(항상 그런 건 아니다) 도토리 생산량이 뚝 떨어진다. 심지어 평균치 밑으로 떨어지기에 많은 동물이 비명횡사하게 된다. 이렇게 모 아니면 도 식으로 도토리를 생산하면 참나무는 도토리를 먹는 동물의 숫자를 계속해서 일정 수준 이하로 유지할 수 있다.

해거리를 설명하는 두 번째 이론은 동물의 개체수와는 아무런 관계가 없다. 해거리가 단지 참나무의 번식활동을 돕기 위해 발전했다는 가설인데, 분류학적으로 같은 계통에 속한 나무들이 어느 해 번식 시기를 일치시켜 수분受粉* 효율을 극대화한다는 얘기다(Pearse 등, 2016). 참나무는 보통 바람의 도움으로 수분을 한다. 이렇게 피는 꽃을 풍매화風媒花라고 하는데, 놀랍지도 않지만 이런 꽃들은 예측불허로 변하는 바람 앞에 속수무책이다. 간단한 확률 통계에 따르면, 참나무는 암꽃이 성숙했을 때 날아다니는 꽃가루 양이 많을수록 수분 성공률이 높다. 따라서 몇 년 동안 많은 참나무가 꽃가루 날리는 시기를 일치시켜 수분 성공률을 높이고 결과적으로 엄청난 양의 도토리를 생산할 가능성이 있다. 그렇다면, 왜 모든 참나무가 언제나 한날한시에 꽃가루를 날리지는 않는 걸까? 이 역시 예상 가능한 주기로 반복되면 도토리를 먹는 동물의 개체수가 함께 늘어날 것이라는 예측이 가능하다. 게다가 참나무들이 아무리 같은 시기에 꽃가루를 날려 수분 확률을 높이려 '노력'한다 해도 암꽃이 성숙한 시기와 완전히 겹칠 기간은 길지 않다. 그런데 이때, 그러니까 많은 암꽃들이 수꽃의 꽃가루를 받을 준비가 됐을 때 우연히 비가 오거나 이상하리만큼 춥다면, 대부분은 수분에 실패할 테고 그러면 그해 도토

▷ 참나무는 예상치 못한 어느 해에 깜짝 놀랄 만큼 많은 양의 도토리를 만들어 낸다.

* 식물의 수술에 있는 꽃가루를 암술머리로 옮겨 씨앗이 만들어지도록 돕는 일. '꽃가루받이'라고도 한다.

리 생산량은 곤두박질칠 것이다(Kelly와 Sork 2002).

참나무 해거리를 둘러싼 세 번째 가설은 에너지 할당량과 관련이 있다(Ostfeld 외 1996). 참나무가 막대한 양의 도토리를 생산할 때는 상대적으로 성장에 쓸 자원(물, 양분, 햇빛)이 부족해진다. 도토리 생산에는 막대한 양의 에너지가 필요하기 때문에 나무는 그 일을 하는 동안에 거의 성장하지 못한다. 따라서 참나무가 몇 년 동안은 주로 성장에 에너지를 쏟고 이후 몇 년간은 번식에만 에너지를 쏟는 식으로(참나무 나이테를 관찰하면 이를 분명히 확인할 수 있다) 에너지를 분배해서 쓴다는 주장이다.

이제 분명히 보이겠지만, 생태계를 설명하는 수많은 이론이 그렇듯 위의 세 가지 가설은 서로 배타적이지 않다. 참나무는 한정된 자원을 효과적으로 나눠 쓰기 위해, 호시탐탐 도토리를 노리는 동물의 숫자가 너무 늘어나지 않도록 조절하기 위해, 그리고 스스로 수분 성공률을 높이기 위해 가끔씩 해거리라는 집단행동을 한다. 만약 어느 해 이런 현상을 직접 목격하게 된다면, 참나무 주변에서 벌어지는 야생동물의 활동도 눈여겨보면서 셋 중 무엇이 가장 그럴듯한 이론인지 생각해보자.

November

매년 가을, 여러분 주변에 있는 참나무는 가까이 사는 동물들이 닥치는 대로 먹어치울 수 있을 만큼의 먹이를 만들어낼 것이다. 하지만 무슨 이유에서인지 청설모, 어치, 다람쥐, 그 외에도 도토리를 좋아하는 다른 동물들과 경쟁하고픈 마음이 든다면, 도토리 몇 개를 주워 비닐봉지 안에 넣어둬 보자. 하루나 이틀이 지나 봉지 바닥을 보면 크림색의 작고 다리 없는 애벌레들이 잔뜩 늘어나 있을지 모른다. 자세히 들여다보면 도토리 대부분에 작은 구멍이 나있을 것이다. 이때, 여러분 마음속의 명탐정이 등장해 이 구멍에서 애벌레가 기어 나왔을 것이라고 정확히 추론해낼지도 모르겠다. 그리고 만약 이 애벌레들을 폭신폭신한 흙 위에 풀어놓는다면 몇 분도 안 돼 애벌레들이 꾸물꾸물 흙속으로 기어 들어가 눈앞에서 사라지는 모습을 보게 될 것이다.

최고의 단백질 보충제

여러분이 본 그 애벌레는 참나무의 혜택을 가장 많이 보며 살지만 사람들이 잘 알아채지 못하는 생명체, 즉 바구미 종류의 하나인 도토리밤바구미acorn weevil일 것이다. 바구미는 정말 놀라운 곤충으로 전체 동물군 중에서도 가장 숫자가 많아 전 세계에서 적어도 8만 3000종이 바구미과Curculionidae에 속해 있다고 추정된다. 이렇게나 종류가 많으니 어쩌면 매일같이 바구미와 마주칠 것 같지만 실제로는 그렇지 않다. 바구미는 대부분 야행성인 데다 애벌레는 항상 무언가의 내부에서 지낸다. 애벌레로 사는 모든 시간을 도토리, 밤, 혹은 히커리너트 같은 씨앗이나 땅밑 뿌리 조직 속에서 보낸다. 그럼에도 어느 날 여러분이 바구미 어른벌레와 마주친다면 다른 곤충과 헷갈릴 일은 절대로 없다. 바구미에겐 기다란 '코'가 있기 때문이다! 이 코는 심지어 바구미의 몸통보다도 길 수 있다. 그렇다고 바구미에게 진짜로 코가 있는 건 아닌데, 코처럼 보이는 이 부위는 사실 길게 늘어난 머리통이고 이 긴 머리통 끝에 작은 턱을 지닌 입이 있다.

바로 이런 신체적 특성 덕분에 바구미는 전 세계에서 가장 종류가 다양한 곤충군이 됐다. 바구미들에게는 다른 어떤 딱정벌레도 갖지 못한 강력한 무기가 있는 셈인데, 이렇듯 독특하게 발전시킨 머리 구조 덕분에 '아직 완전히 자라지 않은 바구미'(애벌레)들은 포식충이나 기생충이 접근할 수 없는 위치에서 태어나 안전하게 식량을 먹으며 성장할 수 있다.

도토리밤바구미의 생애를 설명하면 이렇다. 알을 낳을 준비가 된 암컷 도토리밤바구미는 보통 7월 중순에 아직 성장 중인 도토리를 찾아 예의 '코' 부위로 씨앗 중심부까지 작은 구멍을 뚫는다. 구멍이 완성되면 암컷은 몸을 돌려 입구에 알을 낳고 배설물로 구멍을 메운다. 알에서 깨어난 애벌레는 구멍 반대편으로 기어가 두 달 동안 도토리 속을 갉아 먹으며 성장한다. 도토리가 나무에서 떨어지기 시작하는 시기가 오면 애벌레는 서둘러야 한다. 누군가가 도토리를 먹어치워 애벌레의 생애를 끝장내기 전에 도토리 밖으로 빠져 나와 더 안전한 땅속으로 들어가야 한다. 만약 이 애벌레가 든 도토리를 누군가 먹어치운다면, 애벌레에게는 안 된 일이지만 그것을 먹은 동물에게는 좋은 소식이다. 덕분에 단백질 함량이 높아졌을 것이기 때문이다.

○ 도토리밤바구미는 어느 해에 참나무에 달린 도토리 30퍼센트에 알을 낳기도 한다.

애벌레가 도토리 밖으로 나와 땅속에 들어간 후에도 안전한 건 아니다. 땃쥐와 쥐, 그 외에도 수십 종의 절지동물이 단백질과 지방으로 가득한 이 부드러운 몸

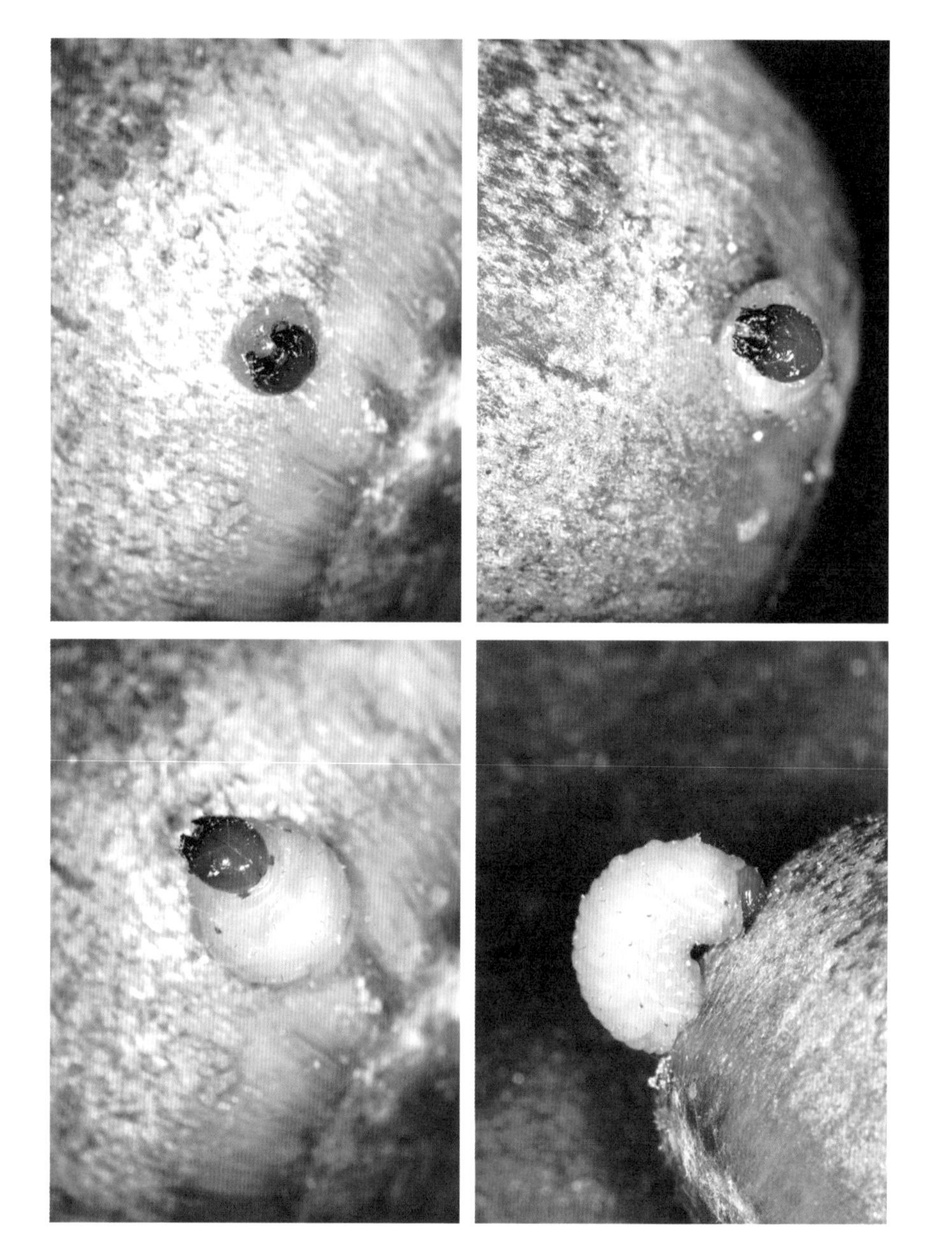

◁

도토리밤바구미 애벌레가 도토리 안쪽에서 구멍을 뚫고 기어 나오는 모습. 땅에 떨어진 도토리를 누군가 먹어치우기 전에 빨리 땅속으로 들어가 번데기가 돼야 한다.

통을 언제라도 마주치고 싶어하기 때문이다. 애벌레가 만약 지표 아래 몇 센티미터 속까지 파고드는 데 성공한다면 몸을 접었다 폈다 하면서 사방으로 비틀어 아늑한 방을 만들 것이다. 이 방에서 번데기로 탈바꿈*을 하고 2년을 보낸다. 그들이 어떻게 아는지는 모르겠지만, 딱 2년이라는 시간이 흘러 적절한 순간이 오면 어른벌레로 탈바꿈한다. 만약 누군가, 혹은 어떤 것이 그들의 아늑한 방 위를 밟아 땅속에 영원히 갇히게 되지 않는 이상, 어른벌레가 된 도토리밤바구미는 흙을 파고 지표 위로 올라와 짝을 찾고는 익어가는 도토리를 찾아서 다시 이 과정을 반복할 것이다.

도토리-바구미-개미의 연결고리

자연에는 쓰레기가 없다. 바구미가 사용하고 거의 껍데기만 남은 도토리조차도 말이다. 이 도토리 껍질은 가슴개미*Temnothorax* 군집이 살기에 완벽한 형태인 데다 그 안에서 개미 100여 마리는 충분히 지낼 수 있을 만큼 크다. 몸이 쌀알의 절반 크기밖에 안 되는 개미가 도토리에 구멍을 뚫기란 만만치 않은 일인데 도

---

* 곤충은 보통 알-애벌레-번데기-어른벌레의 순서로 형태를 계속 바꾸며 성장하는데 이를 변태(變態) 혹은 탈바꿈이라 한다.

토리밤바구미 애벌레가 지냈던 도토리에는 이미 구멍이 뚫려 있다. 그것도 가슴개미는 들락날락할 수 있을 만큼 크지만 다른 포식자*는 안으로 쉽게 들어올 수 없을 정도로 작은, 딱 적당한 크기로 말이다.

이 아늑한 집을 찾아낸 가슴개미들은 걱정거리가 없을 것 같지만 그렇지 않다. 몇몇 가슴개미는 근방에 있는 다른 가슴개미 군집을 급습해 노예로 삼는 습성이 있다. 도토리에 난 문(구멍)은 포식자가 들어오기에는 작아도 같은 가슴개미들이 쳐들어오기에는 충분히 넓다. 노예가 필요한 가슴개미는 다른 도토리 왕국을 급습해 여왕개미의 목을 조르고 일개미들을 죽인 후 왕국과 남은 번데기를 훔친다. 번데기에서 태어난 어른벌레는 왕국의 새 주인이 된 개미를 위해 노예처럼 일해야 한다. 새끼를 대신 길러주고 다른 개미들을 위해 먹이를 찾는 등 말이다. 만약 여러분이 참을성 많고 예리한 관찰력을 지녔다면, 주변의 참나무 밑에서 늦가을부터 겨울 그리고 봄을 거치는 동안 이런 충격적인 일이 벌어지는 것을 관찰할 수 있을 것이다.

도토리밤바구미와 비슷한 과정을 거쳐 성장하는 곤충이 또 있다. 아주 똑같지는 않지만 도토리밑두리뿔나방*Blastobasis glanulella*도 덜 익은 도토리를 활용하는 곤충 중 하나다(여기서는 도토리밑

* 다른 동물을 잡아먹는 동물.

△

도토리밤바구미가 도토리에서 나오고 남은 구멍은 가슴개미들이 집으로 사용하기에 딱 알맞다.

▷

롱기스피노수스가슴개미가 새로운 도토리 왕국으로 애벌레를 옮기고 있다.

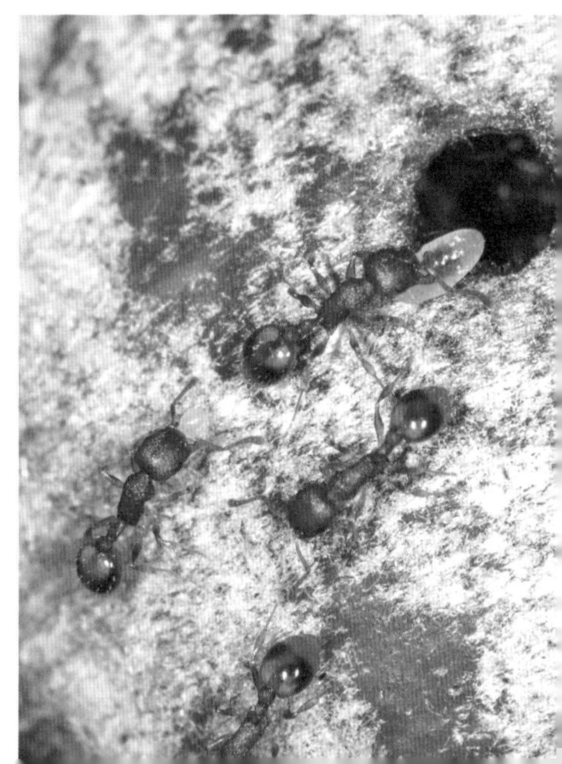

두리뿔나방만 언급하고 있지만, 더 정확히 하자면 생김새가 비슷한 여러 작은 나방이 비슷한 행동을 하며 이들을 정확히 구분하려면 DNA 분석이 필요하다). 도토리밑두리뿔나방에겐 애벌레를 위해 도토리에 구멍을 파줄 '코'가 없다. 그래서 조금 덜 창의적인 방법을 사용하는데, 암컷이 익어가는 도토리 겉면에 알을 낳으면 갓 태어난 애벌레들이 영양분이 가득한 도토리를 자신의 방식대로 먹어치우기 시작한다. 이들 어른벌레가 비행을 시작하는 시기는 나방의 종류와 애벌레가 먹는 견과류 종류(도토리, 밤, 히커리너트)에 따라 다르지만 대략 4월에서 9월까지 불을 켜둔 전등 근처에서 발견할 수 있다.

○ 도토리밑두리뿔나방도 도토리에서 애벌레를 키운다.

December

12월

겨울에 갈참나무는 우리집에 있던 다른 낙엽수落葉樹*들과는 눈에 띄게 달랐다. 나뭇잎이 더 이상 초록색이 아닌데도 여전히 가지에 매달려있었기 때문이다. 그 숫자가 점점 줄어들긴 했지만 4월까지도 잎이 남아있었다. 참나무는 겨울에도 잎을 떨어뜨리지 않는다! 다른 나무들은 가을에 단풍이 든 후 잎을 완전히 떨어뜨리는 데 반해 참나무는 죽은 이파리가 나뭇가지에 그대로 붙은 채로 겨울을 난다. 낙엽수임에도 이렇게 잎이 다 마른 후에도 지지 않는 현상은 참나무, 너도밤나무, 밤나무 종류를 아우르는 참나무과Fagaceae뿐만 아니라 다른 속, 심지어는 몇몇 열대 나무에서도 드물게 관찰된다.

겨울에도 잎이 지지 않는 낙엽수

사계절이 뚜렷한 온대 기후에서 자라는 낙엽수 중에 겨울에

* 겨울에 잎을 떨어뜨리는 나무.

도 잎이 지지 않는 현상은 굉장히 독특하다. 그리고 자연에서 이렇게 독특한 특성은 생태학자들에게 난제를 던진다. 대부분의 나무는 겨울이 되기 전 잎을 떨어뜨리는 데 반해 왜 어떤 나무는 그렇지 않은 걸까? 학자들이 이 문제에 완전히 다른 여러 개의 가설을 답으로 내놓는 것도 이해할 만하다. 이를 실험으로 증명하는 건 매우 어려운 일인데 과학에서 이 정도 불확실성을 가지고도 짜증을 내는 사람이 많다.

"변죽만 울리지 말고, 그래서 참나무가 잎을 떨어뜨리지 않는 이유가 뭔데?"

사람들은 타당한 이유가 붙은 딱 떨어지는 설명을 좋아한다. 회색이 아니라 흑 또는 백, '때에 따라서'가 아니라 맞거나 틀리거나. 사람들이 만약 과거의 스밀로돈smilodon*을 봤다면 그들이 우리를 공격할지 그러지 않을지를 두고 우두커니 서서 토론하는 부류보다 주저하지 않고 '위험요소'로 분류한 부류가 살아남아 자손을 남겼을 확률이 높다. 하지만 마음에 들던 그렇지 않던 자연은 복잡하다. 더 짜증나는 점은 많은 자연현상이 단 한 가지 이유가 아닌 다양한 원인의 복합적 작용에 의해 벌어진다는 것이다. 생물의 선택 유리성選擇有利性**은 대부분 동시다발적으로 일어난다. 그러므로 생태학자들은 자신의 가설을 더 잘 보여줄 수 있는 실험을 고안함으로써 그것을 설명하려 최선을 다한다. 위스콘신대학교의 스티브 카펜터는 이렇게 말한 적이 있다. "생태학은 첨단과학이 아니다. 그보다 훨씬 까다롭다." 이 말은 정말, 정말 맞다!

참나무가 겨울에도 잎을 떨어뜨리지 않는 현상을 둘러싼 가장 설득력 있는 가설은 사슴, 말코손바닥사슴, 와피티사슴 같은 목본식물의 가지 끝을 먹는 초식동물과 관련이 있다. 오늘날 많은 지역에서 이런 동물은 거의 사라지고 한두 종만 남아있지만 북미를 비롯한 세계 전역에서 참나무가 자라는 지역을 적어도 열두 종種의 초식동물이 무리 지어 이동하던 시기는 그리 먼 과거가 아니었다. 클라우스 스벤센(2001)은 영양가 높은 식물의 눈*** 주위에 마른 이파리가 남아있으면 초식동물이 그것을 먹을 때 영양가로나 맛으로나 모든 면에서 끔찍한 죽은 이파리까지 한 움큼 먹을 수밖에 없다고 설명한다. 게다가 나뭇가지에 죽은 이파리가 달려있으면 바람이나 작은 움직임에도 바스락 소리가 나서 항상 포식자의 동태를 살펴야 하는 가여운 유제류有蹄類****를 위험에 빠트릴 수 있다(Griffith 2014). 이 두 가지 가설 모두 나무가 잎을 떨어뜨리지 않는 이유를 잘 설명한다.

이런 현상은 보통 나뭇가지가 배고픈 초식동물의 입에 닿을

---

* 신생대에 북미 남부에서 남미에까지 걸쳐 살았던 검치호랑이.

** 어떤 환경에서 다른 유전자보다 생존에 유리한 성질.

*** 잎이나 꽃이 될 새싹.

**** 사슴, 노루 등 발에 발굽이 달린 동물.

만큼 낮게 드리워진 나무들에서 두드러진다. 이쯤에서 여러분은 이렇게 반문할지 모른다. "아닌데요, 우리집에 있는 참나무는 키가 6미터나 되는데 저 꼭대기까지 이파리가 하나도 안 떨어졌어요. 사슴이 닿을 수도 없을 만큼 높은 곳인데 말이죠." 사실이다. 하지만 신생대 제4기인 플라이스토세에 살았던 마스토돈mastodon*은 키 3미터에 코 길이가 3미터에 달했고 그보다 훨씬 큰 맘모스는 키가 3.6미터 정도였다. 땅나무늘보라고 불리는 메가테리움*Megatherium*도 키가 3.6미터였으니, 모두들 위로 몇 미터는 더 높은 곳까지 닿을 수 있었을 것이다.

또 다른 가설은 이 잎들이 척박한 환경에서 자라는 참나무의 성장을 돕는다는 것이다. 잎이 지지 않는 현상을 가장 흔하게 관찰할 수 있는 참나무와 너도밤나무의 경우, 건조하고 척박한 흙에서 자라는 다른 나무들보다 성장률이 훨씬 좋다. 이는 겨울에도 나뭇가지에 붙어있는 마른 잎들 덕분에 가지 위로 눈이 많이 쌓여서 나무의 성장 속도가 빨라지는 봄에 흙속 수분의 양이 늘어나기 때문이다(Angst 외 2017). 게다가 이 잎은 겨울에 모두 나무에 붙어있었기 때문에 분해 속도가 매우 느린데, 나무가 가장 필요로 하는 봄에 바닥으로 떨어져 영양분이 풍부한 뿌리덮개 역할을 해준다.

* 코끼리를 닮은 고대 생명체.

이상의 세 가지 가설 중에 그 어떤 것도 다른 가설과 대척점에 있지 않다는 사실을 다시 기억하자. 겨울에 잎을 떨어뜨리지 않는 참나무는 초식동물에 의한 피해를 덜 입고, 주변에 눈(수분)을 더 많이 포집해둘 수 있으며, 그 덕분에 척박한 토양에서도 봄이 되면 누구보다 빠르게 성장한다.

겨울에도 마른 잎이 그대로 붙어있는 참나무. 사계절이 뚜렷한 온대기후의 낙엽수로는 흔히 않은 현상이다.

January

1월

눈발이 날리던 추운 1월의 어느 날, 나는 우리집 참나무 가지 사이로 자그마한 새 한 마리가 지나가는 모습을 확인했다. 쌍안경으로 자세히 보니 노랑관상모솔새golden-crowned kinglet가 작은 나뭇가지를 꼼꼼히 살피면서 몇 번이고 부리로 무언가를 쪼고 있었다. 이는 생태학적으로 많은 궁금증을 일으키는 장면이었기에 꾸준히 지켜봤지만 별다른 점을 발견하진 못했다. 어쨌든 시블리 조류도감*을 통해 몇몇 노랑관상모솔새가 가을에 번식지인 캐나다를 떠나 조금 더 남쪽으로 이동한다는 사실을 알 수 있었다. 노랑관상모솔새는 대부분 열대지역까지 날아가는 철새지만 그렇지 않은 개체도 있으며, 실제로 어느 겨울에 몇 마리는 펜실베이니아주에 있는 우리집에서 겨울을 나기도 했다. 그러니까 내가 본 새들은 원래 겨울이면 우리집 마당에 있을 법한 새인 것이다.

이상한 점은 하나도 없었다. 그럼에도 내가 의아했던 점은

* 북미지역에서 가장 즐겨 보는 탐조 가이드북. 조류학자 데이비드 앨런 시블리가 쓰고 삽화를 그렸다.

노랑관상모솔새는 겨울을 나는 곤충 애벌레를 찾아서 잡아먹는다.

노랑관상모솔새가 붉은관상모솔새나 갈색나무발발이처럼 겨울 동안에 완전히 곤충만 먹는 식성이라는 것이다. 겨울에는 씨앗도 먹는 여러 새들과 달리 이들은 항상 곤충과 거미만 먹는다. 그것도 몇 마리 정도가 아니라 매일 수백 마리를 먹는다. 몸집이 매우 작은(박새의 3분의 2 정도밖에 안 된다!) 이 새들이 영하로 떨어지는 날씨에 충분히 열을 내기 위해서는 어마어마한 양의 곤충이 필요하다.

지난겨울, 올빼미 펠릿pellet(최근 식사 후 토해낸 찌꺼기)의 분석을 막 마친 대학원생에게서 메일을 한 통 받은 일이 있다. 이 펠릿은 늦은 저녁 그의 집 마당 울타리에 모습을 드러낸 줄무늬올빼미barred owl가 뱉은 것이었는데. 메일에는 올빼미가 잡아먹은 먹이를 종류별로 정갈하게 늘어놓은 사진이 첨부돼 있었다. 사진 한쪽에는 그가 펠릿을 분석하며 예상할 수 있었던 작은 설치류의 뼈들이, 그 반대편에는 올빼미가 거의 소화시키지 못한 애벌레 머리껍질들이 훨씬 더 많이 쌓여있었다. 그렇다, 1월 중순 매사추세츠주의 줄무늬올빼미는 애벌레를 먹는다!

겨울에 새는 무엇을 먹을까?

생각해보면 내가 눈여겨본 상모솔새는 메일에서 본 줄무늬올빼미처럼 영하 6도를 맴도는 1월 중순에 우리집 참나무에서 곤충을 잡아먹고 있었던 것 같다. 나처럼 40년 넘게 곤충의 세계에 빠져있는 곤충학자라면 1월 중순에 참나무 가지에서 볼 수 있는 곤충은 아무것도 없다고 말할지도 모른다. 하지만 그게 누구든 간에 그 생각은 완전히 틀렸다. 겨울에 앙상한 가지 위에서 이파리를 갉아 먹는 애벌레를 찾을 리 없다는 생각은 합리적이다. 곤충이 활동하기에는 기온이 너무 낮을 뿐만 아니라 10월부터 4월까지는 먹이도 별로 없으니까. 하지만 어떤 곤충들은 이런 논리대로만 움직이지 않는다! 겨울에 상모솔새와 마주치면서 나는 자연사 연구의 매력을 또 한 번 느끼게 됐다. “여러분은 매일 새로운 무언가를 배우게 될 것입니다.” 이 진부한 말은 자연을 사랑하는 사람들에게 딱 맞는다. 정말이지 자연에서는 매일 새로운 사실을 발견하게 되니 말이다. 그리고 이런 말도 덧붙일 만하다. “더 많이 배울수록 배울 것이 더 많이 남아 있다는 사실을 깨닫게 될 것이다.”

참나무에서 겨울을 나는 곤충에 대한 진실은 내가 상모솔새의 모습을 관찰하고 몇 주 후, 우연히 베른트 하인리히의 연구를 발견하면서 더 분명해졌다(Heinrich와 Bell 1995). 하인리히는 요 근래에는 찾아볼 수 없는 위대한 박물학자 중 한 명이다. 평범한 우리들은 절대 알아차리지도 못할 자연의 어떤 면을 설명해내는 데 탁월한 관찰력을 지녔다. 정확한 계기는 기억나지 않지만 하인리히는 어느 겨울, 메인주에서 유리창 충돌로 사망한 노랑관상모솔새를 해부하기로 결심했다. 놀랍게도 이 작은 새의 몸 안에 애벌레가 가득했다. 유리창에 부딪혀 목숨을 잃었던 혹독하게 추운 바로 그날에도 노랑관상모솔새는 애벌레를 잔뜩 먹어치운 것이다!

미국자벌레 같은 다양한 자나방 종류가 애벌레 상태로 겨울을 난다는 사실이 이미 밝혀졌다. 이들은 기주식물*의 푸릇푸릇한 이파리를 갉아 먹으며 성장해 잎이 갈색으로 변하기 전인 초

가을에 3령 혹은 4령 애벌레(절반 정도 성장한 상태)가 된다. 그 후로는 먹는 행위를 멈추고 나무껍질의 구석진 부분이나 구멍 안으로 숨거나, 아니면 작은 나뭇가지에서 아무것도 하지 않은 채 가만히 있다. 그러니까 이들은 겨우내 그냥 나뭇가지처럼 그 자리에 그대로 멈춰있는 것이다! 기온이 영하로 내려가면 자나방 애벌레는 자동차 부동액에 사용하는 글리세린 같은 화학물질을 내뿜어 세포가 터지지 않도록 보호한다.

겨울 동안 나뭇가지는 정말 먹을 것 하나 없이 앙상하기에 상모솔새와 갈색나무발발이처럼 곤충을 주식으로 삼는 새뿐만 아니라 주로 씨앗을 먹던 동고비, 박새, 댕기머리박새 그리고 몇몇 딱따구리에게도 이 애벌레의 존재는 소중하다. 사실 곡식만 먹는다고 생각했던 박새류도 겨울 식단의 50퍼센트가 곤충이다! 이는 새를 사랑하는 사람들에게 교훈을 주기도 하는데, 겨울 동안 모이통에 해바라기씨만 내놓는 건 흔한 텃새에게도 그리 만족스럽지 않은 식단이라는 것이다. 평소에는 씨앗을 먹던 새들도 겨울이 되면 애벌레에 의존하기에 애벌레가 잘 자랄 수 있도록 뒷받침하는 나무를 마당에 심어주는 일이 정말 중요하다. 그리고 앞으로 보겠지만 그 일을 가장 잘 수행하는 건 참나무다.

---

* 특정한 곤충의 먹이가 되는 식물.

우리는 거의 일생 동안 자연을 오해하며 살아간다. 그 오해는 대개 우리의 부모님, 친구, 월트 디즈니, 말린 퍼킨스* 같은 이의 말에 의해, 혹은 우리 문화에서 비롯된 잘못된 정보로 인해 탄생한다. 대표적인 것 중 하나가 새를 돕고 싶다면 모이를 주라는 말이다. 일 년 내내 곡식을 먹는 되새류와 비둘기 같은 몇몇 새들에게는 그것이 도움이 될지도 모른다. 이런 새들은 생활에 필요한 거의 모든 지방과 단백질을 식물의 씨앗에서 얻고 독특하게도 그 영양분을 되새김질해 우유와 비슷한 물질로 만들어 새끼에게 주는 능력이 있다. 그러나 명금류鳴禽類** 대부분은 곤충을 주식으로 삼는다. 특히 둥지를 짓는 시기 같은 매우 중요한 때에 이들의 식단에서 씨앗과 베리류는 부수적 요소일 뿐이다. 새끼는 식물의 씨앗을 소화시키지도 못하기에 이 시기에 물어다 먹일 곤충이 충분하지 않다면 우리가 아는 대부분의 새는 번식에 실패할 수 있다.

또 다른 오해는 '곤충은 어디에나 존재'하므로 그 숫자가 줄어드는 것을 그리 걱정하지 않아도 된다는 얘기다. 만약 그 말이 사실이라면 그 많은 곤충은 대체 어디서 등장하고 무엇을 먹이로 삼는 걸까? 갑자기 난데없이 뿅 하고 등장하는 걸까? 알고 보니 아리스토텔레스의 자연발생설***이 사실이고 그 잔재가 우리 문화 속에 잘 녹아들어 있던 것일까? 당연히 그렇지 않다. 모든 곤충, 특히 먹이사슬의 가장 아래층에 있는 곤충들은 직간접적으로 식물과 연결돼 있다. 식물의 일부 또는 식물을 먹는 다른 곤충을 먹이로 삼기 때문이다. 여기서 논리적으로 추론할 수 있는 것은, 우리가 어떤 식물종 하나를 완전히 뿌리 뽑는다면 그에 얽혀 살아가는 다양하고 풍부한 곤충의 존재까지 지워버리게 된다는 사실이다.

우리는 이미 지구의 숲 절반 이상을 파괴했고 전 세계적으로 곤충의 개체수는 1979년보다 적어도 45퍼센트가 줄었다(Dirzo 외 2014). 그리고 별로 놀랍지도 않지만, 곤충이 줄어들자 새도 줄어들었다. 북미에 서식하는 새는 50년 전보다 30억 마리가 줄었으며(Rosenberg 외 2019) 그중 430종의 새가 너무도 빠른 속도로 줄어들어 멸종위기종으로 분류됐다(2016년 조류보고서). 만약 우리가 곤충을 그저 '다리 여섯 개 달린 벌레' 정도가 아니라 새, 양서류, 파충류 그리고 포유류를 위한 소중한 식량으로 바라본다면 곤충이 줄어드는 생태학적 의미와 위기감을 제대로 이해하고 이를 방지해야 할 이유까지 납득할 수 있을 것이다.

---

* 미국의 동물학자로, 1963년부터 1985년까지 야생동물에 관한 텔레비전 프로그램을 진행했다.
** 영문으로는 'song birds'. 주로 참새목에 속하는 작은 새들을 말한다.
*** 생물은 우연히 무기물로부터 발생한 것이라는 가설.

북부홍관조. 북미에 서식하는 대부분의 새처럼
새끼에게 곤충과 거미를 먹여 키운다.

역으로, 곤충 애벌레가 자라기 위해서는 식물이 꼭 필요하다는 사실은 많이들 알고 있다. 이 때문에 사람들은 '어떤 식물이든 그것을 섭취하는 곤충의 숫자도 비슷'할 것이라고 생각한다. 하지만 절대 진실이 아니다. 만약 그것이 사실이라면 우리는 숲이라고 착각하기 쉽지만 자생력이라곤 하나도 없는 플랜테이션plantation*을 만들 때 두려움 없이 포르투갈, 인도, 콜롬비아 등지에 유칼립투스를 잔뜩 심어 목재로 활용할 수 있다. 또한 겨울을 나는 새들의 밥상을 빼앗진 않을까 하는 걱정 없이 페루 커피농장에 그늘을 드리울 멕시코수양소나무를 맘껏 심을 수 있다. 그뿐 아니라 관상식물이 우리의 정원을 벗어나 자연으로 퍼져나가 그 지역의 먹이사슬과 생태적 특성을 완전히 망가뜨리지는 않을까 하는 걱정 없이 전 세계 각지에서 보기 좋은 식물을 맘대로 가져다 심어도 될 것이다. 그러나 안타깝게도 우리는 그렇게 운이 좋지 않다. 어떤 곤충에게 도움을 주는지에 따라 식물마다 큰 차이를 발견할 수 있는데, 크게는 토종식물(토착종)과 그렇지 않은 식물 간의 차이, 그리고 토종식물 안에서의 차이로 나누어 살펴보자.

* 열대 혹은 아열대 기후에서 대규모로 단일 식물을 경작하는 농업 방식.

토종식물과 그렇지 않은 식물의 차이는 쉽게 설명할 수 있다. 식물은 보통 초식동물의 공격을 피하기 위해 끔찍한 맛이나 독성이 있는 화학물질로 제 몸을 무장하는데 오랫동안 그것을 먹어온 곤충만이 생리적으로나 행동학적 측면에서 그 방어막에 적응했다. 물론 진화적으로는 커다란 어려움을 겪었겠지만, 대부분의 곤충은 일반적인 방어체계를 갖춘 식물 한두 종의 화학적 방어망을 뚫을 수 있다. 이를 다르게 표현하면, 대부분의 곤충은 몇 가지 식물만 먹을 수 있고 그밖에 다른 식물은 먹지 못한다는 뜻이다! 생물학에서는 이를 '기주식물에 특화됐다'고 표현하는데, 거의 90퍼센트의 초식곤충이 이런 방식으로 특정 식물과 관계를 맺어 살아간다(Forister 외 2015에서 발췌).

과학자들이 이를 어떻게 발견했는지 궁금하다면 이제 답을 들려 드리겠다. 여러 문헌에 등장하는 기주식물에 관한 기록을 통해 우리는 어떤 곤충 애벌레가 몇 가지 식물에만 특화됐는지, 아니면 많은 식물을 두루 먹는지를 파악할 수 있다. 애벌레를 어느 카테고리에 분류할지는 '기주식물에 특화됐다'는 기준을 얼마나 엄격히 적용하느냐에 달렸다. 이를 결정하는 데 도움이 될 몇 가지 통계가 있다. 북미에는 총 1만 2810종의 인시목 Lepidoptera* 곤충이 서식하고 있지만 그중 기주식물에 관한 정보

* 나방과 나비가 속한 곤충 무리.

가 정확히 밝혀진 것은 6725종뿐이다. 정말이다! 아직도 우리는 나머지 6058종의 애벌레가 어떤 식물을 먹고 사는지 알지 못한다! 기록에 따르면 기주식물이 밝혀진 곤충의 86퍼센트는 애벌레일 때 '세 종 이하'의 나무에만 의지한다. 그리고 바로 이것이 1970년대 이후로 문헌에서 사용해온 '기주식물에 특화됐다'는 현상에 관한 공식적 정의다. 어쩌면 서로 다른 식물 세 종을 먹는다는 점에서 그것은 특화가 아니라고 생각하는 사람이 있을지도 모르겠다. 하지만 식물분류상 총 268과科에 속한 식물이 폭넓게 분포된 북미에서 그중 단 1퍼센트의 식물만 먹을 수 있다는 사실은 이들의 입맛이 꽤나 특화됐음을 시사한다. 게다가 애벌레의 67퍼센트는 단 한 개 과科에 속한 식물(북미에 서식하는 전체 과의 0.3퍼센트)만을, 49퍼센트는 한 개 속屬에 속한 식물(2137개 속 중 0.04퍼센트)만을 먹는다. 한 예로, 북미에서 가장 흔하게 볼 수 있는 이오산누에나방io moth은 무려 120속의 식물을 먹는데 이는 북미에 분포하는 전체 식물속의 5.6퍼센트에 해당한다! 이 자료가 우리에게 말해주는 사실은 분명하다. 거의 모든 애벌레는 식물의 극히 일부밖에 먹지 못한다.

그 예를 수천 가지도 더 들 수 있지만 여기서는 한 가지만 언급하겠다. 큰참나무저녁나방greater oak dagger moth은 여러 누대에 걸쳐 참나무 전문가가 됐다. 덕분에 참나무의 대표적인 방어기제인 페놀수지와 탄닌, 리그닌에 영향을 받지 않으면서 빳빳

큰참나무저녁나방 애벌레. 참나무 이파리만 먹고사는 애벌레 중 하나다.

한 참나무 잎을 먹어치울 수 있다. 하지만 이 나방은 참나무 전문가가 되는 데 진화적 시간을 모두 쏟은 탓에 아스클레피아스속*Asclepias* 식물이 지닌 강심배당체라든가 버드나무의 살리실산, 쥐방울덩굴의 아리스토로크산, 흑호두나무의 저글론 등 다른 식물의 방어기제에는 적응하지 못했다. 오직 참나무 이파리만 먹을 수 있다. 그러니 만약 내가 참나무 대신 옆집의 콩배나무나 모감주나무 같이 아시아나 유럽에서 건너와 낯선 화학물질을 뿜어내는 나무를 마당에 심었다면 큰참나무저녁나방은 그것을 먹이식물로 인지하지 못할 뿐더러 어떤 방식으로든 강제로 먹게 한다면 목숨이 위험해질 수 있다. 우리집 마당에 참나무가 없었다면 아마도 털이 덥수룩한 이 귀여운 애벌레는 자취를 감췄을 것이다.

쐐기돌 식물

같은 토종식물인데도 얼마나 많은 곤충의 먹이가 될 수 있는지에 차이가 크게 나는 이유를 설명하는 건 조금 까다롭다. 여기서 '차이가 크다'는 말은 절대 과장이 아니다. 북미에는 500종이 넘는 애벌레가 기대어 사는 참나무부터 그 어떤 애벌레도 먹이로 삼지 않는 클라드라티스속*Cladratis* 식물까지 다양한 식물종이 자생하고 있다. 식물이 곤충을 얼마나 잘 끌어들이는

지를 측정하려 할 때, 보통은 특정한 식물속屬을 주식으로 삼는 애벌레의 종류와 숫자를 몇 년에 걸쳐 세어본다. 기주식물에 관한 이런 연구는 주로 나방과 나비 애벌레를 대상으로 진행되는데, 특정한 식물속을 먹고 사는 곤충의 숫자가 단계별로 고르게 나타나지는 않는다. 실상은 몇 개의 식물속, 그러니까 전체 중 대략 7퍼센트가 대부분의 애벌레를 먹여 살리고 그 외 대다수 식물은 단 몇 종의 애벌레가 삶을 영위하도록 도울 뿐이다.

이를 다르게 표현해보자. 새를 비롯한 여러 야생동물이 먹이로 삼는 곤충의 약 75퍼센트는 단 몇 가지 식물만 먹고 자란다. 미국 대부분 자치주에서는 참나무를 비롯한 벚나무, 버드나무, 자작나무, 히코리, 소나무, 단풍나무 무리가 수많은 야생동물과 막대한 숫자와 종류의 곤충을 먹여 살리고 있다. 이런 나무를 '쐐기돌 식물keystone plant'이라고 부른다. 이들이 자연에서 하는 역할이 마치 로마 건축물에서 흔히 보는 아치의 쐐기돌과 비슷하기 때문이다. 쐐기돌은 아치의 다른 돌들이 무너지지 않도록 지지하는 역할을 해 이를 빼버리면 아치가 와르르 무너지게 된다. 쐐기돌 식물도 마찬가지다. 만약 여러분의 집 주변에 참나무, 세로티나벚나무, 흑버들이 있다면 몇몇 새들이 번식도 할 수 있을 만큼 많은 곤충이 태어나겠지만, 수십 가지 토종식물을 심었더라도 그중에 쐐기돌 역할을 하는 식물이 없다면 그곳에서 많은 곤충이 자라고 새들이 찾아오기를 기대할 수 없다.

이것이 바로 우리집 갈참나무가 그저 그런 나무가 아닌 이유다. 내가 살고 있는 펜실베이니아주에서는 참나무에서만 511종의 인시류(나방과 나비)가 관찰된다. 그 다음으로 다양한 종을 관찰할 수 있는 자생 벚나무보다 100여 종이나 많은 숫자다. 그 어떤 나무도 참나무만큼 다양한 생명체를 길러내지 못한다. 그리고 이는 우리 동네만의 특징이 아니다. 북미 자치주의 84퍼센트(사실상 참나무가 잘 자랄 수 있는 전 지역)에서 가장 많은 생명체를 뒷받침하는 나무로 참나무가 첫손에 꼽힌다. 우리집 마당에 자라고 있는 다른 자생 나무와 비교하면 어떨까? 그 무엇과 비교해도 훨씬, 훨씬 뛰어나다. 단풍나무도 무려 295종의 애벌레를 돕는 능력자지만 참나무의 발끝에는 미치지 못한다. 스트로브잣나무 역시 179종의 애벌레를 먹여 살릴 만큼 생산성이 뛰어나지만 참나무 능력의 3분의 1밖에 안 된다.

우리집 마당의 먹이사슬을 유지하는 데 있어 그 외 나무들은 존재감이 거의 없다. 캐롤라이나서어나무는 77종의 애벌레를, 미국풍나무는 기껏해야 35종의 애벌레를 뒷받침하고 그 외 다른 나무들도 마찬가지다. 안타깝게도 관상용으로 인기가 많은 자생종일수록 이런 현상이 두드러졌다. 꽃산딸나무는 애벌레 126종, 캐나다채진목은 114종, 캐나다박태기나무는 24종을 뒷받침하고 미국생강나무는 단 11종밖에 돕지 못했다. 그렇다고 이 나무들을 심지 말라는 얘기는 아니다. 특정 자생종만 먹고 사는 전문가 애벌레도 존재하기에 그 나무가 없다면 살 수 없는 애벌레도 있을 것이다. 다만, 엄청난 가능성을 지닌 참나무만큼은 꼭 심으라고 권하고 싶다. 여러분의 마당에 참나무를 심지 않은 건 다양한 생명체를 도울 수 있는 놀라운 잠재력을 극히 일부만 사용하는 셈이다. 원예무역의 중심에 있는 도입종導入種*과 참나무를 비교하면 훨씬 더 극적인 결과가 나온다. 아시아 원산의 배롱나무에서는 단 세 종의 애벌레가 발견됐고 콩배나무에서는 단 한 종, 그리고 동백나무와 느티나무에서는 어떤 애벌레도 보지 못했다!

마지막으로 지난 3년 동안 우리집 마당에서 진행된 애벌레 개체수 조사 결과를 공개하며 이 글을 마무리하겠다. 이 기간에 나는 우리집 마당에서 총 923종의 나방을 발견하고(나비는 아직 시작도 못했다) 811종의 기주식물을 알아냈다. 물론 애벌레 기주식물에 관한 연구는 아직도 갈 길이 멀다. 내가 기주식물을 알아낸 811종의 애벌레 중 245종은 참나무를 선호했고 그중에서도 27종은 오직 참나무에서만 자랄 수 있었다. 이후에 진행될 연구에서 참나무를 먹는 애벌레가 더 나올지도 모르니 아마도 실제 숫자는 그보다 많을 것이다. 우리집에는 현재 59종의 나무가 있고 그중 한 그루만이 참나무다. 그러니까 우리집 마당에서

---

* 사람이 의도적으로 다른 지역에서 들여온 종.

참나무는 식물 다양성의 측면에서는 2퍼센트도 차지하지 못하지만 나방의 종 다양성을 책임지는 입장에서는 적어도 30퍼센트의 능력을 발휘하고 있다. 그밖에도 우리집에서 기주식물을 밝혀낸 811종의 나방 중 129종(16퍼센트)은 히코리를, 70종(9퍼센트)은 산분꽃나무를, 49종(6퍼센트)은 캐나다채진목을, 그리고 단 17종(2퍼센트)이 튤립나무를 기주식물로 활용했다. 이는 국가와 지역을 넘어 그저 한 가정집 마당에서도 참나무가 다른 어떤 식물들보다 생태적으로 종 다양성을 든든하게 뒷받침하고 있다는 사실을 보여주는 좋은 증거다.

참나무가 최고인 이유

실험 결과가 말해주는 것은 분명하다. 참나무는 다른 어떤 나무보다 훨씬 다양한 애벌레의 성장을 돕는다. 내가 사는 미시시피 동부만이 아니라 미국 대부분 지역, 그리고 참나무가 자라는 대부분 나라에서 말이다. 하지만 왜 그럴까? 참나무는 어떻게 지구상 거의 모든 지역에서 (먹이사슬을 지탱하는 데 가장 중요한 역할을 하는) 곤충 애벌레를 가장 잘 키워내는 서식지가 됐을까? 이는 아직까지 누구도 완전한 답을 내리지 못한 좋은 질문이다. 하지만 가능성 있는 설명을 해준 몇 가지 가설이 있다(Janzen 1968, 1973, Southwood와 Kennedy 1983, Condon 외 2008, Grandez-

Rios 외 2015). 대부분의 애벌레가 다른 식물보다 참나무를 더 선호한다는 말은 참나무의 대표적 방어막인 페놀계 화합물에 적응한 애벌레가 그만큼 많다는 뜻이다. 애벌레들이 어떻게 그 특성에 적응하게 됐는지를 알아낸다면 왜 그렇게 많은 종이 참나무에 의지해 살아가는지를 파악할 수 있을 것이다.

참나무의 여러 특징 중 하나는 그 무리, 참나무속*Quercus*에 수많은 종이 포함돼 있다는 점이다. 참나무는 북반구에서 가장 종류가 다양한 나무군으로 손꼽히는데 전 세계에 대략 600종이 있고 북미에는 90여 종이 서식한다. 그와 비교하면 전 세계에 살구나무속*Prunus*은 400여 종, 버드나무속*Salix*은 300여 종밖에 없다. 물론 그것도 꽤나 많은 숫자지만 참나무에 비하면 100여 종은 적다. 단풍나무속*Acer*(160종), 소나무속*Pinus*(111종), 자작나무속*Betula*(30~60종)은 대부분 나무군의 평균 정도다.

종 다양성만큼이나 큰 영향을 미치는 건 지질학적 분포다. 북미 대부분 지역, 그리고 전 세계 많은 지역에 광범위하게 퍼져 사는 나무라면 그렇지 않은 나무보다 훨씬 더 다양한 애벌레를 도울 수 있다. 물론 이는 애벌레가 그렇게 광범위한 지역에서 참나무와 오랫동안 진화적 관계를 맺어왔다는 사실을 전제로 한다. 참나무는 그 어떤 나무보다 지구에 광범위하게 분포돼 있다. 아시아, 유럽, 북아메리카, 심지어 중앙아메리카부터 남아메리카 북부 지역에까지 말이다.

비슷한 맥락에서 식물의 형태도 애벌레가 기주식물을 선택하는 진화 과정에 중요한 영향을 미쳤을 것이다. 몸집이 큰 데다 살아온 역사도 긴 나무는 애벌레들의 부모(나방과 나비들)와 자주 마주칠 수밖에 없었을 테고, 당연히 생애 주기가 더 짧은 식물보다 긴밀한 관계를 발전시켰을 것이다. 대표적으로 참나무는 정확히 같은 장소에서 수백 년 동안 자리를 지키며 거대한 한 그루로 성장한다. 만약 당신이 알을 낳을 준비가 된 나방이라면 어디서나 쉽게 발견할 수 있는, 바로 그런 모습으로 말이다. 따라서 많은 나방과 나비는 참나무 잎 하나보다도 바이오매스가 작고 단 몇 주면 생애 주기가 끝날 작은 초본식물보다 참나무의 방어체계에 훨씬 적극적으로 적응했을 가능성이 높다.

참나무의 또 다른 특징은 긴 수명이다. 참나무는 6천만 년 전 동남아시아에서 처음 모습을 드러냈다. 그리고 3천만 년 전 신대륙(아메리카)에 등장했으니, 이곳에 서식하는 곤충들이 참나무의 방어체계에 적응할 시간과 기회는 충분했다. 하지만 그 사실만으로는 그렇게나 많은 애벌레와 깊은 관계를 맺게 된 설명으로 불충분하다고 생각한다. 역사가 오래됐음에도 다양한 애벌레와 거의 관계를 맺지 못한 나무도 있기 때문이다. 튤립나무가 전형적인 예인데, 튤립나무속*Liriodendron*은 계통상 참나무속보다 수백만 년은 더 긴 역사를 지녔지만 북미지역에서 유일하게 한 종, 튤립나무*Liriodendron tulipifera L.*만이 살고 있다. 이 나무는

29종의 애벌레에게 도움을 주고 있는데, 이는 백악기 후기 직전의 어느 시점부터 진화했지만 오늘날 곤충 수백 종의 생계를 책임지고 있는 참나무에 비하자면 아주 초라한 숫자다.

마지막으로, 특정 식물군의 화학적 방어막을 살펴보면 왜 어떤 곤충은 어떤 식물에 더 잘 적응하게 됐는지를 유추할 수 있다. 식물의 화학적 방어막은 양적 방어와 질적 방어 두 가지로 나뉜다. 양적 방어quantitative defense는 그 대상에게 즉각적인 독성을 발휘하지는 않지만 반복적으로 노출됐을 때 효과가 나타나는 화합물을 사용하는 것이다. 이런 화합물은 애벌레의 몸속에 축적돼 점점 효과를 발휘한다. 참나무의 탄닌이 대표적인 예로, 탄닌은 애벌레가 먹는 즉시 효과를 발휘하진 않지만 장기적으로 체내에 남아 단백질 흡수를 방해한다. 참나무의 입장에서 이는 매우 좋은 방어체계인데, 식물 이파리는 최상의 조건에서도 단백질이 거의 들어있지 않기 때문에 참나무 잎을 먹으려는 애벌레는 그 소량의 단백질마저 흡수가 잘 되지 않게 방해하는 참나무가 달갑지 않을 것이다. 애벌레가 탄닌의 영향을 덜 받으면서 참나무에 생리적으로 적응할 방법을 찾지 않는 한, 그 잎을 많이 먹으면 먹을수록 음식에서 얻을 수 있는 총 단백질 양은 더 줄어들게 된다.

반면에 식물이 질적 방어qualitative defense로 사용하는 화학물질은 노출되는 즉시 독성을 발휘한다. 여기에 적응한 애벌레는 일반적으로 특정 식물에 있는 한 가지 화학물질에만 저항성을 갖도록 진화했다. 따라서 어떤 화합물을 먹고 대부분은 목숨을 잃어도 그 독소를 없앨 수 있는 효소를 지닌 특별한 애벌레가 존재한다는 얘기다. 예를 들어 제왕나비와 여왕나비 그리고 끝검은왕나비와 같은 계열의 나비는 오직 아스클레피아속 식물만 먹을 수 있는데, 이 식물이 지닌 매우 유독한 화합물인 강심배당체를 몸에서 해독하고 저장했다가 배설할 수 있는 능력을 오랜 진화 과정에서 얻었기 때문이다. 이와 비슷한 질적 방어망으로는 살구나무의 청산가리와 담배나무의 니코틴 등이 있다. 하지만 많은 애벌레들은 이렇게 독성이 강한 성분보다 참나무 잎의 양적 방어기제에 적응하는 편이 훨씬 수월했을 것이다.

February

2월

2월은 우리집 참나무가 가장 조용한 시기다. 도토리는 이미 다 떨어졌고 애벌레들은 참나무 수피樹皮*와 나뭇가지 틈으로 몸을 숨겼으며 날이 좋을 때 나무에 찾아오던 포유류들은 겨울잠에 빠져있고 일 년 중 눈이 가장 많이 쌓이는 시기이기 때문이다. 집 안의 가족들은 봄을 심하게 타고 있었다. 하루하루 지날수록 낮은 점점 길어졌고 날씨가 따뜻해지면서 박새, 댕기머리박새, 캐롤라이나굴뚝새가 찾아와 노래를 불렀다. 우편함에는 다양한 씨앗이 쌓여갔다. 덕분에 나와 아내는 계획을 바꿔 올해는 마당에 식물을 다양하게 심자고 작당을 했다. 목표는 늘 빗나가지만 어쨌든 대화를 나누는 것만으로도 즐거웠다. 다들 2월이면 정원을 또 어떻게 가꿔나갈지 계획을 세울 때이므로, 이번에는 조경에 참나무를 활용할 때 흔히 언급되는 오해에 대해 다뤄보겠다.

---

* 나무줄기의 껍질.

몇 가지 오해

사람들이 집에 참나무 심기를 주저하는 가장 큰 이유는 나무가 다 자랐을 때의 거대한 크기 때문일 것이다. 참나무가 자라기엔 마당이 충분히 넓지 않아서 심을 수 없다고 말하는 사람이 얼마나 많은지 셀 수도 없을 정도다. 참나무 뿌리가 주변의 도로와 인도를 다 망가뜨릴까봐, 혹은 도토리가 사람들 머리 위로 떨어지거나 나중에 낙엽을 꾸준히 치워야 하기 때문에, 그리고 참나무 묘목은 가격도 비싼 데다 가지 한두 개는 어쩌면 집이나 차 위로 떨어질 수도 있을 것 같다는 여러 가지 핑계를 대며 참나무를 꺼리는 사람도 본 적이 있다. 하지만 세상에, 그것은 '유리잔이 벌써 반이나 비었네.' 하는 비관적인 관점으로만 참나무를 바라보는 것이다. 그런 일 중 몇몇이 실제로 발생하기도 하지만 대부분은 미리 약간만 손을 본다면 피할 수 있는 일이다.

참나무의 크기와 관련한 오해부터 시작해보자. 참나무가 아주 빠른 속도로 높이 30미터, 몸통 둘레 5미터, 가지 폭이 36미터까지 자라는 나무라면 그런 불평도 이해할 만하다. 하지만 실제로는 그렇지 않다. 참나무 대부분은 다 자라도 앞에 언급한 크기보다 훨씬 작으며 완전히 자랄 때까지 수백 년은 걸린다.

게다가 몇몇 종은 매우 작아서 교목喬木*이 아니라 소교목으로 분류해야 할 정도이고 작은 마당에 심기에도 안성맞춤이다. 난쟁이밤나무, 멕시코푸른참나무, 감벨참나무는 특히 다양한 도시 구조물과 잘 어우러진다. 소교목 크기밖에 되지 않을 뿐 아니라(예를 들어 난쟁이밤나무는 키가 3미터를 넘기지 못한다) 건조하고 척박한 토양에서도 잘 자라기 때문이다. 난쟁이밤나무와 감벨참나무는 심지어 도시에 흔한 강알칼리 환경도 잘 견딘다. 마당에 심을 나무를 고를 때는 여러분이 사는 지역에서 오랜 세월 함께 살았던 자생종을 선택하는 것도 중요하다. 예를 들어 감벨참나무는 로키산맥 중남부에서, 멕시코푸른참나무는 남서부에서, 그리고 난쟁이밤나무는 그레이트플레인스 동부에서 자생하는 나무다. 북미에 서식하는 참나무 종류만으로도 90종이 넘기에 가장 건조한 최북단을 제외하면 지역마다 잘 자라는 자생 참나무를 고를 수 있다.

참나무가 아주 커다랗게 자랄 수 있을 만큼 마당이 넓다고 가정해보자. 그렇다면 정말 참나무 뿌리가 도로나 인도를 망가뜨릴 수도 있을까? 다시 말하지만 그런 일은 버들참나무처럼 뿌리를 얕게 내리는 종을 선택할 때나 고민할 문제다. 대부분의 참나무는 뿌리를 깊숙이 내리기 때문에 주변의 다양한 구조물

---

* 키가 8미터 이상 자라는 나무.

을 건드리지 않는다. 당연한 말이지만, 만약 여러분의 마당 바로 밑에 기반암이 자리해 있다면 민들레 하나로도 도로가 망가질 수 있다(물론 농담이다). 하지만 일반적인 마당에서 북부갈참나무, 루브라참나무, 슈마드참나무, 미국푸른참나무 같이 뿌리를 깊게 뻗는 나무를 심을 때는 걱정하지 않아도 된다.

그렇다면 참나무는 정말 그렇게 비쌀까? 처음부터 덩치가 큰 나무를 구매하는 빈번한 실수를 저지른다면 그럴지도 모른다. 하지만 우리에겐 어디에서나 공짜로 얻을 수 있는 도토리가 있다. 작은 묘목도 몇 달러만 주면 살 수 있다. 물론 모든 이에게 단지 비용이 적게 든다는 이유로 커다란 참나무가 줄 즉각적인 만족감을 포기하고 씨앗이나 묘목부터 심으라고 강요하진 않겠다. 다만 가능하다면 어린 참나무부터 키우라고 추천하는 이유는 얼마 지나지 않아 그 묘목이 거대한 참나무를 따라잡고 훨씬 건강한 나무로 성장할 것이기 때문이다. 처음부터 커다란 나무(줄기 두께가 2센티미터 이상인 나무)를 선택한다면 옮겨 심을 때 뿌리가 심각하게 망가질 가능성이 있다. 만약 화분에서 키우던 나무라면 뿌리가 완전히 얽혀 서로를 옥죄고 있을 것이다(화분에 뿌리가 꽉 차 분갈이가 필요했던 경우다). 이 소중한 뿌리들을 잘라서 다듬는 건 문자 그대로 나무의 목숨을 끊어내는 일이다.

◁

루브라참나무처럼 뿌리를 깊숙이 뻗는 종은 집 가까이에 심어도 인도나 차도, 차고로 향하는 길을 망가뜨리지 않는다.

참나무 뿌리부는 매년 꾸준히 주변의 다른

나무들을 따돌릴 만큼 성장해 원줄기가 끔찍한 가뭄을 견디고 질병에 맞설 수 있게 돕는다. 이 뿌리들이 자연스럽지 않게 다발로 엉켜 있다면 나무의 수명은 눈에 띄게 줄어든다. 그래서 커다란 나무를 옮겨 심으면 대개 절반은 첫해에 고사하고 만다. 설사 살아남는다 해도 향후 십 년 동안은 성장에 사용할 자원을 소실된 뿌리를 재건하는 데만 써야 한다. 그와 반대로, 어린 참나무는 거대한 나무들로 가득 찬 식물의 왕국에서도 깊게 뿌리 내리며 빠르게 성장해 남은 생애를 건강하게 보낸다. 뿌리를 건드리지 않는 한 어린 참나무는 커다란 상태로 옮겨 심은 참나무의 키를 몇 년 만에 따라잡을 것이다. 게다가 내 손으로 마당에 심은 작은 묘목이 거대한 나무로 성장해가는 모습을 옆에서 지켜보는 것은 얼마나 즐거운 경험인가.

하지만 참나무가 쓰러지면서 집을 망가뜨리거나 더 큰 사고를 일으킬 수 있다면 역시 나무 심기가 주저될 것이다. 강력한 위력을 자랑하는 태풍의 빈도수는 매년 늘어나고 있다. 태풍이 휩쓸고 간 자리에 나무가 뿌리째 뽑혀있는 모습을 뉴스로 자주 접하다 보면 아무래도 집 주변에 심은 큰 나무가 잠재적으로 끔찍한 재앙을 일으킬 수 있다는 단순한 결론을 내리기 쉽다. 거대한 나무가 가끔 재앙을 일으키는 건 사실이지만 그 재앙의 크기를 줄이거나 아예 일어나지 않게 할 방법이 있다. 물론 한 가지 분명한 해결책은 너무 크게 자랄 가능성이 있는 나무를 아예 심지 않는 것이겠지만 여기에는 치명적인 단점이 있다. 여름에 서늘한 그늘을 만들어주고 겨울에는 기온을 높여주는 나무의 유익한 영향력까지 지워버린다는 점이다. 이런저런 이유로 나무를 심지 않은 지역은 꽃가루 매개자인 작은 생물에게도, 야생동물의 먹이사슬에도 전혀 도움이 안 된다. 그 대신 집 주변에 잔디를 심는 건 우리가 탄소를 저장하기 위해 선택할 수 있는 일들 중에서도 최악이다. 다행히 우리에겐 다른 선택지가 있

○ 어린 갈참나무. 앞으로 수백 년 동안 튼튼하게 자랄 수 있게 도와줄 단단한 뿌리를 땅속에 내리면서 첫해를 보낸다.

다. 바로, 특정한 나무 한 그루가 아닌 여러 그루, 가능하면 여러 식물종을 어우러지게 심는 것이다.

사람들은 항상 나무를 한 그루씩 심는 경향이 있다. 다른 나무들과 햇빛, 물, 영양분을 두고 경쟁하지 않으며 홀로 성장한 나무는 우람한 몸집에 가지도 크게 뻗어서 미학적으로 아름다운 모양을 빚어내기 때문이다. 그러나 바로 이런 방식이 우리가 결코 일어나지 않기를 바라는 바로 그 재앙을 불러일으킨다. 나무는 홀로 자라지 않고 여러 그루가 숲을 이루며 함께 자라야 자연스럽다. 숲에서 자라는 나무는 대부분 서로 뿌리가 얽혀 끝없이 연결된 거대한 덩어리를 이루는데 그 덕분에 나무 한 그루가 뿌리째 뽑히는 일은 매우 드물다. 물론 뿌리가 한데 엉킨 나무들도 거센 바람이 몰아치면 가지가 한두 개 부러지거나, 극단적인 허리케인이나 토네이도가 휘몰아칠 때는 밑동에서 몇 미터 위가 댕강 잘려나가는 경우도 있지만 나무가 뿌리까지 뽑히는 일은 거의 일어나지 않는다. 그와 마찬가지로, 집 마당에도 마치 하나의 작은 숲을 조성하듯 1.8미터 정도 간격으로 두세 그루를 함께 심으면 나무가 다 자란 뒤에도 쓰러지는 것을 예방할 수 있다. 하지만 여기에도 조건이 하나 있는데, 가급적 나무가 얼마 자라지 않았을 때 함께 심으라는 것이다. 나무가 작으면 작을수록 좋다. 어린 나무를 함께 심으면 성장하면서 서로 뿌리

▷

오리건주에 있는 미국솔송나무 숲. 나무는 이렇게 여러 그루가 함께 자라는 모습이 자연스럽다.

가 엉킬 기회가 더 많아지기 때문이다. 자, 이제 여러분에겐 가능하다면 작은 참나무(뿐만 아니라 여러 종류의 나무)를 몇 그루 함께 심어야 할 완벽한 두 가지 이유가 생겼다. 첫째는 이미 다 자란 나무를 옮겨 심는 것보다 훨씬 건강하고 빠르게 성장할 것이며, 둘째는 이웃한 나무들끼리 뿌리가 서로 엉켜 미래의 어느 순간에 사람의 목숨이나 집을 위협할 위험이 크게 줄어든다는 점이다.

March

3월

3월이 되면 참나무의 시든 이파리와 다 자라지 못한 나뭇가지가 떨어진다. 가을에 떨어진 것보다 더 많은 양의 낙엽이 떨어져 참나무 밑에 축적돼 있던, 값을 매길 수 없이 귀중하지만 흔히 더럽다고 치부해버리는 유기층 속으로 섞여 들어간다. 분명하진 않지만 지표地表를 기준으로 그 위보다 아래쪽에 훨씬 더 많은 생명체가 살고 있다. 일생의 어느 시점에서 참나무에 의지해 살아가는 생명체는 셀 수도 없이 많은데 포유류와 새뿐만 아니라 수백 종의 나방과 나비, 여치, 대벌레, 긴꼬리, 방패벌레, 매미, 꽃매미, 뿔매미, 혹벌 같은 곤충, 그리고 그보다도 훨씬 다양한 수백 종의 작은 생명체가 땅 밑에서 참나무와 관계를 맺고 살아간다. 열정이 넘치는 초보 낚시꾼(새)은 참나무 낙엽 밑을 들추면 지렁이가 많다는 사실은 알면서도 이 꿈틀거리는 지렁이를 잡는 데만 집중한 나머지 낙엽을 먹는 톡토기, 낫발이, 다양한 종류의 좀붙이, 돌좀, 딱정벌레, 수십 종의 나방 애벌레, 그리고 진드기, 달팽이, 민달팽이, 지네, 노래기, 공벌레, 선충, 쥐며느리, 거미로 이루어진 거대하고 복잡한 분해자 공동체와 그 포식자의 존재는 간과하는 것 같다.

알고 보면 지구 생명체는 대부분이 다세포 유기체다. 예를 들어 낙엽더미에서 발견할 수 있는 절지동물 중 톡토기는 유기물 1제곱미터 면적당 개체수가 10만 마리를 거뜬히 넘고(Ponge 1997) 낫발이는 9만 마리로 아깝게 2위에 머문다(Krauß와 Funke 1999). 숫자로만 따지자면 유기물에서 발견할 수 있는 진드기가 1등을 차지한다. 온대림에 있는 1제곱미터의 낙엽더미에는 보통 100종 이상의 진드기 25만 마리가 산다. 낙엽더미에서 발견할 수 있는 이 절지동물의 숫자가 무척 커 보이겠지만 선충*의 숫자 앞에서는 무색해진다. 선충은 지구상에서 가장 개체수가 많은 동물군으로, 1제곱미터 면적의 유기물과 부엽토에서 100만 마리씩 발견되곤 한다(Platt 1994).

동물에만 초점을 맞추는 바람에 버섯 사냥꾼들이 소외감을 느끼지 않도록 참나무 낙엽으로 만들어진 풍부한 부엽토가 수십 종의 버섯을 길러내기에도 최적의 장소라는 사실을 언급해야겠다. 참나무 낙엽이 썩으며 형성된 부엽토에서 찾을 수 있는 버섯으로는 젖버섯, 밝은 색의 무당버섯과 그물버섯, 그리고 유기물을 분해할 뿐만 아니라 참나무 뿌리에서 에너지를 얻어 살아가는 서양송로와 곰보버섯 등이 있다.

---

* 선형동물문에 속하는 작고 가느다란 동물.

값어치를 매길 수 없는 유기물

참나무 낙엽에 붙어사는 수많은 생명체는 거의 모든 곳에 존재하지만 대부분 맨눈으로 보기 어렵다. 하지만 여러분 발밑에 있는 낙엽 속에서 거대한 절지동물을 찾아 관찰할 수 있는 간단한 방법이 하나 있다. 낙엽층의 맨 윗부분을 걷어내고 하얀 종이 한 장을 내려놓는다. 1~2분쯤 지나면 이 종이에 수십 마리의 톡토기, 온점보다도 작은 진드기, 그밖에도 제 갈 길

○ 참나무 낙엽층은 지표 위 참나무에서 서식하는 생물보다 훨씬 다양한 다세포 동물이 살아가는 집이며 많은 생명체가 영양을 얻는 원천이자 수분 저장소다.

을 가다 우연히 종이를 발견한 다양한 생명체가 까만 점처럼 수놓일 것이다. 여러분이 목격할 이 모습이 바로 자연의 '분해자 decomposer', 그러니까 유기물을 먹고 사는 아주 작은 생명체들로 이루어진 생동감 넘치는 공동체다. 이들은 죽은 식물의 일부 또는 동물이 소화하기 어려운 식물의 셀룰로오스 분해를 돕는 박테리아와 곰팡이로부터 영양분을 얻어 살아간다. 그리고 유기물을 분해하는 이들 수천 마리의 생명체가 사는 곳에는 공동체 속 영양분의 균형을 유지시키는 수백 마리의 포식자도 있다. 우리 눈에 보이지 않은 세계에서 거대한 생명의 그물을 펼치고 있는 이 작은 생명체의 활동은 사람들에게 잘 인정받지 못하지만 지구 생태계를 유지하는 데 정말 중요하다.

태양에서 포집한 에너지를 다른 생명체를 위한 음식으로 전환시킬 수 있는 유기체는 식물밖에 없다. 식물은 땅 속으로 뿌리를 뻗어 흙에 있는 질소, 인, 철 같은 기본적인 양분을 추출해 성장과 번식에 사용한다. 이 영양분, 특히 흙에서 질소와 인의 농도는 매우 제한적이라 식물이 사용한 후 되돌려놓지 않으면 금방 고갈될지 모른다. 식물이 자라는 동안에는 이 양분이 식물 조직 안에 갇혀 있지만 식물이 죽거나 조직이 괴사하면 다시 방출돼 새로운 생명체를 키우는 에너지로 쓰인다. 이때 죽은 식물에서 영양분을 빼내 그것을 필요로 하는 식물과 동물에게 돌려주는 일이 분해자의 중요한 역할이다. 매년 가을이 지나 다 자

○ 낙엽수염나방은 살아있는 나뭇잎 대신 죽은 나뭇잎을 먹는 70종의 나방 중 하나다.

란 참나무에서 떨어지는 약 70만 개의 낙엽이 특별한 이유는 바로 이 수많은 분해자가 살아갈 최상의 환경을 제공한다는 데 있다.

참나무 낙엽이 하는 일

참나무 낙엽이 어떻게 다른 대부분의 나무에서 떨어진 낙엽들보다 분해자를 더 잘 도울 수 있는지에 대한 질문에는 여러 가지로 답할 수 있다. 첫째는 꾸준함이다. 참나무 잎은 대부분 매우 느린 속도로 분해돼 최대 3년 동안 분해자가 필요로 하는 집과 음식, 습도 높은 환경을 제공한다. 분해된 낙엽의 빈자리는 매년 새로 떨어지는 잎으로 채워지기 때문에 참나무 밑에는 항상 분해의 여러 단계를 거치는 이파리가 넘쳐난다. 이와 대조적으로 대부분의 낙엽성 나무는 그렇지 못하다. 단풍나무, 튤립나무, 자작나무, 사시나무, 미루나무, 미국풍나무, 히코리, 그밖에도 몇몇 나무는 잎 두께가 얇아서 나무에서 떨어지면 상대적으로 빠른 속도로 분해된다. 사실 대부분의 낙엽은 너무 빠르게 분해돼 여름을 지나 다음해에 다시 잎이 질 때까지 남아있지 못하고, 이는 자연의 분해자들에겐 심각한 문제다. 지표가 낙엽으로 덮여있지 않으면 토양 미생물이 거의 살아남지 못하기 때문이다. 외부에 완전히 노출된 흙에는 분해자가 계속 살아갈 수 있게 도와주는 유기물이 거의 없을 뿐만 아니라 분해자 공동체가 필요로 하는 수분도 빠르게 날아간다. 그러니까 만약 낙엽이 사라진다면 분해자도 사라진다고 생각하면 된다. 대부분의 분해자가 섭취하는 곰팡이나 박테리아, 그리고 식물이 뿌리 밑에서부터 영양을 흡수할 수 있도록 돕는 균근菌根까지도 말이다. 다행히 참나무 이파리에는 분해 속도를 늦추는 리그닌과 탄닌이 가득하다. 따라서 낙엽더미에 참나무 잎의 비율이 높다면 일 년 내내 토양 표면과 그 밑에 사는 다양한 생명체를 보호할 수 있다.

참나무 낙엽은 침입종 식물이 우세한 환경에서도 이점이 있다는 사실이 증명됐다. 대부분 낙엽성 나무로 이루어진 미 동부의 숲은 요 몇 년간 바닥층에 양지와 음지에서 모두 잘 자라는 침입종, 나도바랭이새가 득세해 골치를 앓았다. 뉴저지, 뉴욕, 펜실베이니아, 코네티컷, 버지니아, 메릴랜드, 그밖에도 여러 지역의 숲 바닥에 나도바랭이새가 하나의 층을 이루면서 번졌다. 이 식물은 어디서나 잘 자라지만 신기하게도 참나무 낙엽이 많은 곳에서는 자라지 못했다. 우리집 마당에서도 나도바랭이새가 자라지 못한 곳은 참나무 아래밖에 없다.

참나무 낙엽이 번식을 방해하는 생물은 나도바랭이새만이 아니다. 아시아에서 온 지렁이 세 종이 오대호부터 대서양에 이르기까지 넓게 퍼져 해양 토양에 심각한 문제를 일으킨 적이 있다. 특히 큰 문제가 된 생물은 흙 위로 나오면 매우 빠르게 꿈틀

거려 마치 점프를 하는 듯 보이는 점핑지렁이jumping worm였다. 이 자그마한 붉은색 지렁이가 무서운 속도로 퍼져 주변 생태계를 완전히 망가뜨렸다. 이들이 낙엽층을 빠르게 분해해 영양분을 침출시키는 바람에 해양 토양은 지표가 그대로 드러나 침식되기 쉬운 상태가 됐다. 점핑지렁이는 토양 속에 든 아주 작은 씨앗을 포함해 모든 유기물을 먹어치워 pH를 변화시킨다. 이들의 개체수가 폭발적으로 늘어나면서 등장하는 곳마다 식물과 동물의 종 다양성이 줄어들었다. 그런데 단 하나, 참나무 숲만이 예외였다. 확실히 참나무 낙엽은 아시아에서 온 지렁이가 분해하기에도 너무 뻣뻣했던 모양이다. 점핑지렁이는 참나무 이파리가 가득한 흙을 거의 비집고 들어가지 못했고, 따라서 참나무 비율이 높은 숲 바닥은 여전히 연영초와 미국얼레지 같은 작은 초봄식물*이 자랄 수 있는 피난처가 되고 있다.

참나무에서 지속적으로 떨어지는 낙엽은 생태적으로 또 다른 어마어마한 이점을 선사한다. 바로, 흙에 흡수되는 물의 양을 늘리는 것이다. 참나무 비율이 높은 숲에 두텁게 쌓여있는 낙엽층은 비가 올 때 스펀지 같은 역할을 하며, 이는 비가 억수같이 내릴 때 특히 중요하다(Sweeney와 Blaine 2016). 예를 들어 강수량 5센티미터 정도의 폭우는 참나무 낙엽과 그것이 분해되며 생기

* 눈이 녹기 시작하는 초봄부터 성장해 상층부 식물의 잎이 무성해져 햇빛을 가리기 전에 생활사를 마감하는 식물.

는 부엽토에 대부분 포집된다. 낙엽과 부엽토가 빗물을 영원히 붙잡아둘 순 없지만 이를 모아 땅속에 천천히 스며들게 함으로써 우리 생활에 필요한 지하수를 보충한다. 반면에 낙엽이 없는 구역에서는 똑같은 5센티미터의 폭우가 홍수를 일으킬 수도 있다. 표면이 드러난 흙은 빗물이 땅에 흡수될 때까지 붙잡아두지 못한다. 대신에 빗물이 빠르게 그 자리를 벗어나면서 흙도 함께 쓸려 내려가 토양침식을 일으킬 수 있다. 침식된 흙은 개울이나 강의 흐름을 막고 댐 바닥에 토사로 쌓인다. 무엇보다 끔찍한 것은 수년 동안 식물과 근균이 축적한 영양분 높은 표토층이 어처구니없이 사라져버리는 일이다. 이는 그야말로 토양 생태계가 완전히 파괴되는 사건이며, 다시 원상 복구하는 데만 수십 년은 걸린다.

참나무 낙엽으로 우리가 얻을 수 있는 이점은 이밖에도 더 있다. 두터운 낙엽층 덕분에 그 자리에 붙잡힌 수분은 흙 알갱이 사이사이 공간으로 스며들어 지하수로 편입되기 전 정제 작용을 한다. 이때 질소와 인의 농도가 과도하게 높은 목초지나 농경지의 비료뿐만 아니라 중금속, 살충제, 기름, 그밖에도 많은 오염물질이 함께 정제된다. 지하수 상층부는 계속 움직이면서 가까운 개울이나 강바닥으로 천천히 물을 흘려보내고, 수로를 통해 물이 일정한 속도로 흘러가기 때문에 5센티미터의 강수량을 며칠 또는 몇 주에 걸쳐 조금씩 흘려보내는 효과가 난다. 그러면 개울과 강물의 흐름이 안정돼 수중침식이 생기지 않고 곤충, 갑각류, 물고기로 이루어진 수중생태계가 파괴되는 일도 막을 수 있다. 건강한 수중생태계를 필요로 하는 건 누굴까? 누가 깨끗하고 신선한 물을 필요로 할까? 바로 모든 생명체다! 다양한 수중곤충과 갑각류, 수중 절지동물로 가득한 개울은 이들이 없는 개울보다 질소 농도가 2~8배는 낮고 용존산소량은 훨씬 늘었다는 보고가 있다(Sweeney와 Newbold 2014).

한편 낙엽은 지표 위와 아래에서 생활하는 절지동물 분해자를 도울 뿐만 아니라 수면 위로도 떨어져 수중 절지동물이 살아가게 한다. 이들 습지에 사는 초식동물과 가재, 강도래, 하루살이, 날도래 같은 낙엽 분해자는 물가에 쌓인 낙엽 표면에 붙은 조류와 규조류를 먹어치우며 에너지를 얻는다. 쉼 없이 흘러가는 개울과 강 주변으로 계속해서 쌓이는 엄청난 양의 낙엽은 수중생태계에서 그 어떤 싱싱한 식물 이파리보다 가치 있는 영양분을 제공한다.

낙엽 태우던 시절의 기억

내가 여섯 살이었을 때 뉴저지주 플레인필드에 있던 우리집 앞에는 참나무가 줄지어 있었고, 가을에 아버지는 우리집 앞마당으로 떨어진 참나무 낙엽을 한곳에 모아 태워버렸다. 그 시절엔 낙엽 태우는 일이 낙엽이 떨어지는 '문제'를 해결하는 가장 합리적인 방법으로 여겨졌다. 나는 매년 반복된 이 전통을 사랑했기에 더더욱 그랬다. 아버지가 마당 한 쪽에 모아놓은 커다란 (적어도 당시의 내겐 무척 커 보였다) 낙엽더미로 뛰어드는 건 정말 즐거운 일이었고, 낙엽이 다 탄 뒤 나뭇가지로 그 속을 뒤적여 들춰보는 것은 훨씬 재미있었다. 무엇보다도 나는 참나무 낙엽을 태울 때 나는 냄새를 좋아했고 지금도 낙엽 타는 냄새를 맡으면 그 시절이 떠오른다.

하지만 이렇게 낙엽을 태우던 습관이 천천히 우리 마당을 생태학적으로는 아무 일도 일어나지 않는 쓸모없는 곳으로 만들었을 것은 자명하다. 우리집 낙엽은 그것으로 영양분을 얻어 살아갈 수 있었을 수백만 종의 분해자와 흙에게로 되돌아가는 대신, 타고 남은 재와 함께 비가 올 때 하수도 속으로 영영 사라져버렸다. 당시엔 우리 아버지뿐만 아니라 주변의 이웃 누구도 그 낙엽을 재활용해 미래에 동네에 닥칠 수도 있었을 많은 위험을 예방하는, 단순하면서도 어떤 면에서는 매우 복합적인 해결책을 떠올리지 못했다. 우리는 마당에 낙엽을 그대로 놔두는 것만으로도 지하수를 정제하고 끔찍한 홍수를 예방하고 동네 끝에 있던 작은 개울에 건강한 생태계를 구축할 수 있었다. 통찰력 있는 생태학자들이 최근에 들어서야 '생태계 서비스ecosystem service*'라는 개념을 고안해냈지만 여전히 공식적인 담론으로 떠

오르지 못하고 있다.

아버지가 참나무 잎을 태우던 시절로부터 62년이 지났다. 그동안 우리는 자연세계를 떠받치고 있는 것이 무엇인지 배웠다. 낙엽을 태우는 행위는 이제 대부분 도시에서 금지됐다. 그 연기와 재가 대기를 오염시킬 뿐만 아니라 나뭇잎, 그중에서도 특히 참나무 낙엽이 꽃밭과 나무 밑에 까는 멀치mulch**로 사용하기에 아주 적합하다는 것을 깨달았기 때문이다. 어떤 도시에서는 낙엽을 원치 않는 사람들의 마당에서 낙엽을 모아다 퇴비로 만든 후 그것의 생태적 가치를 아는 사람에게 무료로 제공하기도 한다. 그리고 더 다행스러운 것은 단지 낙엽을 치우기 힘들다는 이유로 거대한 참나무를 베어버리는 사람의 숫자가 매년 줄어들고 있다는 점이다. 우리가 정원을 가꾸거나 도시 조경을 할 때 참나무를 활용해 주변 생태계와의 관계를 발전시키면 모든 생명체가 지속가능한 공생을 할 수 있다는 사실이 분명해졌다. 나는 요즘 우리 사회가 어떻게 이런 관계를 더 깊게 발전시켜나갈지를 공부하고 있다는 증거를 매일같이 목격하고 있다. 정말 신나는 일이 아닐 수 없다!

---

* 생태계가 다방면으로 인간에게 혜택을 주는 기능.

** 잡초의 성장을 억제하거나 흙속 수분이 증발하는 것을 막기 위해 식물 주위에 뿌리는 물질.

April

4월

참나무의 계절로 보자면 4월을 april('열다'라는 뜻의 라틴어 'aperire'에서 유래했다)이라 부르는 건 탁월한 선택이다. 4월은 참나무 눈이 부풀어 그해 첫 이파리를 틔우는 달이기 때문이다. 나무가 첫 잎을 틔우는 건 아주 찰나에 벌어지기에 그 순간을 목격한 사람이 많지 않겠지만 그렇다고 희귀한 일도 아니다. 이런 일은 나무의 크기와 상관없이 한 그루 당 수십에서 수백 번 정도 발생하고 변화도 어느 정도 예측 가능한 장소인 잎눈*에서 일어난다. 어느 정도 성장한 참나무에는 수백에서 수천 개의 잎눈이 있다. 이 시기에 딱 관찰하기 좋은 잎눈을 선택하는 건 단순한 행운 이상이 필요한데 잎눈에서 이파리가 피어나는 순간이 정말 찰나이기 때문이다. 나무가 새순을 틔우는 정확한 시기는 그 지역 날씨와 개별 참나무가 자라는 미세기후**의 영향을 받는다. 잎눈 속에서 자라기 시작하는 몇 시간 동안 새순은 매우 취약한 상태지만 그 안에서 적절한 분열의 단계를 거치며 성

* 성장하면 가지나 잎이 되는 부분.

** 지표면부터 지상 1.5미터까지의 기후.

장한다. 이제, 암컷 혹벌이 아직 분화되지 않은 참나무 잎눈에 알과 함께 내분비교란물질을 주입하는 정확한 순간에 대해 알아볼 것이다. 심지어 이들이 참나무 잎눈에 산란을 마치는 데는 약 5분밖에 걸리지 않는다.

충영

혹벌은 대부분의 벌목Hymenoptera(말벌과 벌, 개미가 속해 있다) 곤충이 그렇듯 사람을 쏘지 않는다. 그리고 이 곤충을 처음 본 사람들은 깔따구나 각다귀로 착각할지도 모르겠다. 실제로 목격할 수만 있다면 말이다. '혹벌gall wasp*'이라는 이름은 이들이 화학물질을 이용해 식물 조직을 혹 모양으로 변형시키고 그 안에서 애벌레를 키우는 습성 때문에 붙었다. 북미에는 거의 800종의 혹벌이 살고 있으며 대부분이 참나무와만 관계를 맺는다. 혹벌이 이 혹 모양의 애벌레 집, 충영蟲癭을 만드는 순간을 정확히 목격하기는 어렵다 해도 일단 참나무 이파리에 생긴 충영은 그 한 해 동안, 그리고 나뭇가지에 생긴 것은 몇 년 동안이나 눈에 띄는 형태로 남아있다.

충영이 만들어지는 과정은 다음과 같다. 혹벌 암컷이 알을 낳으면서 주변의 식물 조직에 성장조절물질을 잔뜩 주입하면 암처럼 폭발적인 세포분열이 일어나 애벌레가 자랄 공간이 만들어진다. 충영의 형태는 혹벌의 종류에 따라 매우 다양하며, 나중에 애벌레가 태어나면 조금 변하기도 하지만 대부분 둥그런 형태를 띤다. 외피는 꽤나 단단해서 쉽게 부서지지 않기에 혹벌 기생충이 침투하기 어렵다. 게다가 끔찍한 맛이 나는 탄닌이 듬뿍 들어있어 포식자가 한 입에 먹어치우지도 못한다. 또 다른 공통점은 대부분의 충영이 애벌레 방을 둘러싼 매우 단단한 구형태를 띠고 있지만 그렇다고 애벌레 방이 늘 중심에 있지는 않다는 점이다. 충영의 내부는 기생충이 외피를 파괴하는 데 성공했을 경우에 대비해 애벌레를 보호하는 두 번째 방어선이다. 그 안의 식물세포에는 애벌레가 성장을 완전히 마칠 때까지 먹을 수 있는 영양분이 잔뜩 들어있다. 애벌레는 다 성장하면 처음에 살던 작은 방으로 돌아와 번데기로 변한 후 다음해 4월 어른벌레가 된다. 혹은, 그 혹벌이 한 해에 두 세대를 번식시키는 종이라면 참나무 잎이 풍성해지기 직전인 6월 하순에 한 번 더 어른벌레를 볼 수 있다.

이상 소개한 일련의 사건은 혹벌과 참나무 사이의 매우 특화된 관계를 상징하는 이야기의 절반밖에 되지 않는다. 대부분의 혹벌, 그중에서도 참나무와 특별한 관계를 맺고 살아가는 종은 세대교번alternation of generations**이라고 알려진 복잡한 생활사

---

* 혹벌의 영어 이름에도 '혹(gall)'이라는 의미가 들어있다.

** 생물의 생활사에서 유성세대와 무성세대가 교대로 나타나는 현상.

를 거친다. 세대교번을 하는 혹벌의 첫 세대는 처녀생식을 하는 암컷, 그러니까 수컷과 짝짓기하지 않고도 알을 낳을 수 있는 암컷들로만 이루어진다. 수컷이 없는 첫 세대 사이에서 이는 제법 유용하다. 이 세대가 만드는 충영과 그 안에서 성장한 어른벌레는 저마다 특정한 형태를 띤다. 그와 대조적으로 두 번째 세대는 완전히 다른 모양의 충영을 만들며, 일반적으로 많은 생명체가 선택하는 방법인 암컷과 수컷 모두가 태어나는 알을 낳는다. 오랫동안 혹벌 분류학자들은 두 세대가 다른 종이라 생각

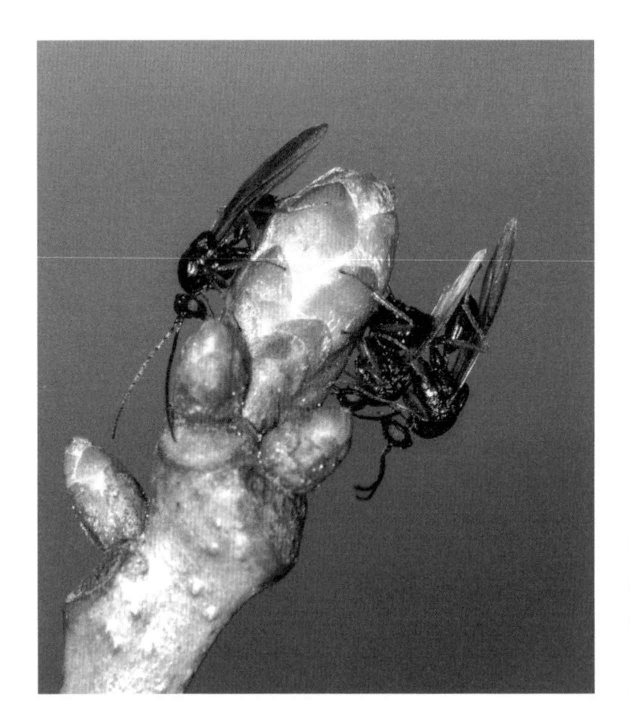

수컷 혹벌 두 마리가 부풀어 오르는 참나무 잎눈에서 충영을 만드는 암컷을 보호하고 있다.

했지만 그런 착각을 일으켰다고 해서 혹벌을 탓할 순 없다. 두 세대의 혹벌은 어른벌레의 생김새뿐 아니라 충영의 형태까지 완전히 달랐다. 오늘날 DNA 분석이 없었다면 4월과 6월에 완전히 다른 모습으로 나타나는 혹벌이 같은 종이라는 사실은 영영 알아차리지 못했을 것이다.

충영의 크기와 형태는 정말 다양해서 감탄을 자아낸다. 하지만 내 생각엔 그리 놀랄 일도 아닌 것이, 그 형태가 종마다 고유할 뿐만 아니라 거의 800종에 달하는 북미의 혹벌이 각각 두 가지 충영을 만들기 때문이다. 이 세계는 정말로 다채롭다! 작은 버섯처럼 생긴 충영, 성게 모양의 충영, 붙어있던 나뭇잎을 떨어뜨려 그 틈바구니로 몸을 숨기고 땅 위를 굴러다니는 충영, 허쉬 초콜릿을 쏙 빼닮은 충영, 그 외에도 병 안쪽에 마개가 달린 광이 나는 꽃병 모양이라거나 중세시대 무기, 사과, 호박, 솔방울, 총알 모양을 닮은 충영들, 그리고 몸을 웅크린 고슴도치처럼 생긴 충영 등등……. 그러나 각각의 형태는 모두 환경에 적응한 결과일 뿐 충영이 지닌 목적은 똑같다. 그 속의 애벌레가 혹벌 기생충이라는 끔찍한 적군의 눈을 피하도록 보호하는 일 말이다(Bailey 외 2009).

참나무 충영의 다양한 형태. 혹벌의 종류와 세대에 따라 모양이 천차만별이다.

이렇게 애벌레를 보호하는 집(충영)이 있음에도 혹벌은 지구상에서 포식기생자한테 가장 많이 시달리는 동물군이다. 혹벌은 최대 20종의 절지동물로부터 공격을 받는데 그중에는 스스로 충영을 만들지 않고 혹벌이 만든 충영을 몰래 사용하는, 말하자면 소내공생inquiline*을 하는 동물도 포함된다. 나는 어떤 절지동물을 그저 기생충parasite이 아니라 포식기생자parasitoid라고 구분해 부르는데, 이들은 숙주를 귀찮게 하는 데 그치지 않고 목숨까지 빼앗는 조금 더 특화된 포식자이기 때문이다. 일반 포식자와 다르게 포식기생자는 일생 동안 단 한 종의 동물만 사냥하고 그 공격을 받은 혹벌은 사망률이 매우 높다. 혹벌을 노리는 대표적인 포식기생자는 식물의 잎눈이 아닌 혹벌 애벌레의 몸에 알을 낳는 작은 말벌이다. 알에서 깨어난 말벌 애벌레는 태어난 집, 즉 혹벌 애벌레의 몸에서 중요하지 않은 조직부터 시작해 천천히, 그리고 완전히 숙주생물을 먹어치운다. 이런 섭식 방식 때문에 혹벌 애벌레는 말벌 애벌레가 완전히 성장할 때까지 생생히 살아있다.

말벌 암컷은 마치 피하주사기처럼 생긴 산란관**을 혹벌 애벌레의 몸에 꽂아 알을 낳는다. 사람들이 나이를 먹으면서 점점 더 무서워하게 되는 말벌이라는 거대집단이 지닌 '침'은 사실이 산란관의 형태가 변한 것이다. 포식기생자 중 어떤 종은 산란관이 짧고 어떤 종은 암컷의 몸길이보다도 길다. 당연한 말이지만 산란관의 길이는 이들이 공격하는 혹벌과의 사이에서 오랜 세월에 걸쳐 일어난 일, 즉 포식자와 피식자 간 진화 과정***에 의해 결정된다.

혹의 내부를 들여다보면 이 사실을 확실히 알 수 있다. 사과같이 생긴 커다란 충영을 하나 골라 반으로 자르고 단면을 관찰해보면, 여러 개의 얇은 층으로 된 식물 조직보다 거대한 빈 공간이 먼저 눈에 띌 것이다. 어쩌면 혹벌이 그 속을 다 먹어치우고 벌써 어른벌레가 돼 탈출했다고 오해할 수 있겠지만 찬찬히 들여다보면 충영 한가운데에서 동그란 작은 방을 발견할 수 있다. 바로 그 안에서 충영 전체 부피의 2~3퍼센트밖에 차지하지 않는 자그마한 혹벌 애벌레가 살고 있다.

충영에 빈 공간이 이렇게나 넓은 이유는 뭘까? 이는 기다란 산란관을 지닌 포식기생자의 공격을 피하기 위해 혹벌이 찾아낸 대안으로, 충영 바깥 면과 애벌레 방이 있는 중심부 사이에 충분한 거리를 두어 포식기생자가 긴 산란관을 찔러 넣어도 애벌레에 닿지 못하게 한 것이다. 그런데 진화는 또 다른 진화를

---

* 다른 동물의 집에 살면서 먹이를 얻는 생존방식.
** 곤충의 배 끝에 있는, 알을 낳기 위한 기관.
*** 포식자는 피식자를 더 잘 잡아먹기 위해, 그리고 피식자는 포식자의 공격을 피하기 위해 신체나 행동 습성이 여러 세대에 걸쳐 변화하는 것.

낳는다. 어떤 포식기생자의 산란관은 충영 중심부에 가 닿을 수 있을 만큼 길어졌다. 이후에도 혹벌과 포식기생자 사이에서 계속된 진화적 압력 덕분에 오늘날 우리가 보는 아주 다양한 형태의 충영이 만들어졌다고 볼 수 있다.

충영 내부의 빈 공간은 혹벌이 포식기생자로 인한 사망률을 줄이기 위해 선택한 방법 중 하나일 뿐이다. 어떤 충영은 표면에 빽빽하게 긴 털이 나있어 포식기생자가 그 위에 내려앉아 산란관을 꽂지 못하게 하며, 어떤 충영은 표면에 끈적끈적한 물질을 분비해 포식기생자가 내려앉으면 딱 붙어 움직일 수 없게 만든다. 포식기생자와 숨바꼭질을 하는 충영도 있다. 성게처럼 뾰족뾰족한 가시가 난 충영은 애벌레 방을 중앙에 만들지 않고 수많은 가시 중 하나 밑에 숨겨 포식기생자가 그것을 찾아다니게 만들고, 무사마귀같이 생긴 충영은 내부에 미로를 만들어 애벌레 방을 꼭꼭 숨겨둔다. 물론 그중 단 한 군데에는 진짜로 애벌레가 들어있다. 어쩌면 포식기생자 문제를 가장 창의적으로 해결한 건 보디가드를 고용한 혹벌인지도 모르겠다. 보디가드 역할을 가장 잘 해내는 것은 개미다. 잡식성인 개미는 다양한 곤충을 사냥하기도 하지만 단맛이 나는 먹이를 좋아하는데(두 가지 다 큰턱을 이용해 먹는다) 어떤 혹벌은 이를 이용해 충영에서 꿀 같은 물질을 분비해 개미를 유혹한다. 그리고 이 달콤한 충영 근처에 개미가 돌아다니면 어떤 포식기생자도 함부로 다가오지 못한다.

물리적으로 충영은 참나무 조직의 평범한 성장 흐름을 변화시키는 혹벌의 능력으로 생겨난 결과물이다. 애벌레에게 집이자 보호소가 되어주고, 혹벌을 위한 음식이 되기도 하고, 그저 참나무의 혹으로 남기도 한다. 연구진은 바로 이것이 혹벌이 그린 큰그림이라고 추측한다. 하지만 만약 이것이 진짜로 혹벌이 원한 그림이었다면 참나무 역시 그 많은 혹벌의 공격을 완화시키고 스스로 생태적 이익을 취할 방향으로 진화했어야 하지 않을까?

내 생각에 참나무의 자연선택은 다음과 같은 방식으로 이루어졌을 것 같다. 혹벌은 식물의 조직을 갉아 먹는 초식동물이다. 잠시, 참나무에 충영이 없다고 상상해보자. 혹벌 애벌레는 충영이 있을 때처럼 참나무의 국소부위에서만 먹이를 먹지 않을 것이다. 그 대신 훨씬 광범위하게 돌아다니며 이파리나 줄기에 굴을 팔지 모르고, 그렇다면 그 과정에서 애벌레가 참나무의 관다발*을 망가뜨릴 가능성이 매우 높다. 그리고 먹이 섭취에 물리적 제한이 없다면 애벌레는 자연선택으로 몸집을 더 키울 수 있다. 애벌레의 몸이 충영 안에서 자랄 수 있는 크기보다 커진다면(물리적 제한이 없다면 가능하다) 참나무 조직도 훨씬 많이 망

* 식물이 성장하는 데 필요한 물과 양분이 이동하는 통로.

가뜨릴 것이다. 이렇게 생각하면 충영은 혹벌에게만 일방적인 혜택을 주는 적응 방식이 아니다. 참나무 입장에서도 초식을 하는 혹벌 애벌레를 작은 공간 안에 가둬 그로 인해 생길 수 있는 피해를 최소화한 지혜로운 방식이라고 볼 수 있다. 참나무는 기생충으로 인한 피해의 크기를 제한하고 혹벌은 충영 안에서 상대적으로 안전하게 애벌레를 길러내는 방식으로, 둘이서 함께 진화적 절충안을 찾았다고 보는 게 정확할 것이다.

참나무 꽃가루가 날릴 때

4월에 참나무에서 볼 수 있는 건 충영만이 아니다. 여러분이 어디에 살고 있는지에 따라 다르겠지만 4월은 대부분의 참나무가 가장 흐드러지게 꽃을 피우는 시기다. 암꽃과 수꽃이 한 나무에서 같이 피어나지만 눈에 띄는 건 수꽃이다. 혹벌이 잎눈에 알을 낳은 직후, 참나무에서는 수꽃의 미상꽃차례catkin*가 10~12센티미터 길이로 가지 끝에서 늘어져 자라기 시작한다. 대부분의 참나무는 적어도 17년생은 돼야 꽃을 피울 수 있기에 이 꽃차례를 감상하려면 오래된 참나무를 찾아야 한다. 참나무 수꽃은 꽤나 화려해서 못 보고 지나치기 어렵지만 암꽃은 발

* 꽃이 모여 핀 모양이 동물의 꼬리처럼 길게 늘어진 것.

견하기조차 힘들다. 크기가 아주 작은 데다 나무 꼭대기에 있는 작은 가지를 따라 꽃이 하나씩 자리를 잡았기 때문이다.

참나무는 대부분 바람의 도움으로 수분을 한다. 최고의 꽃가루 매개자인 바람을 최대한 활용하기 위해서는 잎이 완전히 자라 꽃가루 날림을 방해하기 전에 수꽃이 먼저 길게 자라나서 꽃가루를 퍼트려야 한다. 비록 어떤 암꽃은 같은 나무 수꽃이 만든 꽃가루로만 뒤덮이겠지만 보통은 다른 나무에서 날아온 꽃가루를 받아 수분에 성공한다. 따라서 참나무로 조경을 할 때는 한꺼번에 여러 그루를 심어야 한다. 같은 종 다른 나무의 꽃가루를 받지 못하면 참나무가 제대로 결실을 맺지 못하기 때문이다. 지금 이 글을 쓰면서 나는 우리가 이사한 직후에 심은 임브리카리아참나무를 바라보고 있다. 이 나무는 우리집 마당에 있는 나무들 중에서도 키가 가장 커 18미터를 거뜬히 넘긴다. 매년 그 주변에 수천 개의 작은 도토리가 떨어지지만 근처에 다른 임브리카리아참나무가 한 그루도 없어 하나같이 수분을 제대로 하지 못하고 발생 초기에 멈춰있다.

안타깝게도 참나무 꽃가루는 기관지가 예민한 사람에게 알레르기 반응을 일으킨다. 비록 다른 나무들의 꽃가루에 비하면 온건한 편이지만 날씨를 제대로 만난다면 오랫동안 공중에 떠다니며 사람들을 괴롭힐 수 있다. 아내와 나는 연중 어느 때고 상관없이 집에서 누군가 재채기를 할 때면 참나무 꽃가루 때문

4월, 참나무 수꽃에서 꽃가루가 날리는 모습.

이라고 농담을 하곤 한다. 하지만 알고 보면 원인은 항상 집안에 있었다. 참나무 꽃가루는 4월 말에 단 며칠 동안만 바람을 타고 돌아다닐 뿐이다. 알레르기 반응은 차치하고, 참나무의 온전한 수꽃차례는 단 며칠밖에 볼 수 없는데 그 모습이 우아하면서도 매력적이다. 꽃가루가 다 날아가고 나면 수꽃은 바싹 말라 나무에서 떨어져 낙엽과 함께 중요한 유기물을 만드는 일에 동참한다.

멸종위기종의 거처

4월 초, 참나무에서 만날 수 있는 신기한 생명체는 앞에 언급한 것 말고도 더 있다. 바로 미국에 사는 누에나방 중 두 번째로 큰 폴리페무스누에나방polyphemus moth(어른벌레의 날개 길이가 15센티미터는 된다)의 번데기다. 이 번데기는 9월 말에도 볼 수 있지만 4월에 가장 마주치기 쉬운데, 참나무에서 어마어마한 양의 낙엽이 떨어지면서 부활절 달걀처럼 생긴 은빛 번데기가 여기저기서 모습을 드러낸다. 폴리페무스누에나방 번데기는 시간이 지날수록 점점 커져 나뭇가지에 5센티미터 정도의 실을 늘어뜨리고는 제 몸도 그 정도 길이까지 키운다. 하지만 오늘날엔 개체수가 점점 줄어들고 있으니, 만약 여러분 주변의 참나무에서 폴리페무스누에나방을 발견한다면 정말 운이 좋은 사람이다.

참나무 곳곳에 붙어 겨울을 난 번데기들은 그 전해에 폴리페무스누에나방 두 번째 세대가 낳은 것이다. 실크로 꽁꽁 싸맨 번데기 안에서 아직도 살아 숨 쉬고 있는 애벌레에게는 존경을 보낼 만하다. 이 엄청난 번데기를 만든 애벌레뿐만 아니라 그 알을 낳은 암컷까지 여러 포식자와 포식기생자, 질병, 그밖에도 사람이 저지른 끔찍한 공격을 모두 성공적으로 이겨낸 것에 대해서 말이다. 암컷 폴리페무스누에나방은 짝짓기 후 알을 낳을 최적의 식물을 찾는다. 배고픈 새들의 눈을 피해 어두운 밤에 움직이지만 이 커다란 나방을 즐겨 사냥하는 박쥐와 올빼미의 공격은 감수해야 한다. 암컷은 거대한 빗살 모양 더듬이를 활용해 우리집 마당에 있는 수많은 식물을 헤치며 참나무 향기를 따라온다. 이는 번식을 위해 아주 중요한 단계다. 만약 이웃집 콩배나무를 참나무로 착각해 알을 낳는다면 알에서 깨어난 애벌레는 자생종이 아닌 식물 이파리를 소화하지 못해 굶어죽고 말 것이다.

폴리페무스누에나방 암컷은 한 배에 약 250개의 알을 품는다. 하지만 이를 모두 같은 나무에 낳는 건 아니다. 만약 그렇게 한다면 포식자에게 전부 잡아먹힐 확률이 높다. 포식자가 알이나 애벌레를 하나라도 찾는다면 근방을 샅샅이 뒤지고 다닐 것이기 때문이다. 이 나방을 노리는 동물은 어디에나 있다. 애벌레 사냥의 기회를 호시탐탐 노리는 개미, 거미, 침노린재, 쐐기노린

△

폴리페무스누에나방. 어른벌레로까지 성장하는 숫자는 매우 적다.

◁

참나무 가지 끝에 거대한 번데기를 만들고 겨울을 난다.

재, 포식성 포디수스노린재, 특히나 구멍벌과 말벌뿐만 아니라 고치벌과 맵시벌 같은 벌들, 핵다면체바이러스, 무수히 많은 박테리아와 곰팡이 관련 질병, 그리고 셀 수 없이 다양한 배고픈 새가 도처에 있다. 이 모든 천적은 가차 없이 폴리페무스누에나방의 알과 애벌레를 사냥하기에 암컷 나방이 낳은 수백 개의 알 중에서 결과적으로는 단 몇 개만이 살아남아 번데기로 성장하게 된다. 이는 여러분이 참나무를 심어야 할 또 다른 이유다. 지구에 참나무 숫자가 많아진다면 멸종 위기에 처한 폴리페무스누에나방이 천적을 피할 선택지도 더 늘어날 테니 말이다.

May

5월

나는 외국어를 잘하지 못할 뿐만 아니라(사실을 말하자면 외국어엔 정말 젬병이다) 새들의 노래를 알아들을 줄 모른다. 나는 자연을 관찰하는 데는 이 두 가지 재능이 모두 필요하다는 사실을 깨달았다. 다행히 아내에게는 두 가지 재능이 모두 있었고, 그래서 아내가 흥분을 감추지 못하고 이렇게 말했을 때 다가가서 귀를 기울였다.

"앞마당 참나무에 목련이 있어."

이 말에 나는 당장 카메라부터 집어 들었는데, 아내가 중국에서 온 나무가 아니라 이 무렵 우리 마당을 찾아오는 철새 중 가장 예쁜 목련솔새*Setophaga magnolia*의 소리를 들었다는 걸 눈치챘기 때문이다. 철새가 가장 많이 찾아오는 5월에 아내가 소식을 알려주는 새는 목련솔새만이 아니다. 지난봄에는 목련솔새를 비롯해 미국솔새, 검은목녹색솔새, 얼룩솔새가 우리집 참나무에 앉은 모습을 30분만에 다 발견하기도 했다. 그렇다고 우리집이 철새가 주로 이동하는 경로에 있는 건 아니다. 하지만 붉은꼬리딱새, 황금솔새, 회청색딱새, 흰눈솔새, 붉은눈솔새, 갈색

목련솔새는 봄철 북쪽으로 이주하는 길에 우리집에 잠깐 들러 참나무에 사는 곤충을 잡아먹고 가는 철새 중에 가장 예쁘다.

지빠귀, 유리멧새, 캐나다솔새, 볼티모어꾀꼬리, 과수원꾀꼬리, 동방임금딱새, 가마새, 켄터키솔새, 노랑목솔새, 검은머리솔새 등 몇몇은 번식지가 있는 북쪽으로 이동하는 중에 마치 경유지처럼 우리집 마당에 들러 주기적으로 쉬어가곤 했다. 철새가 장거리 이동 중 어디엔가 잠시 멈췄다 가는 가장 큰 이유는 이동 에너지로 쓸 먹이를 섭취하기 위해서다.

철새의 이주

북미에서 번식을 하는 새는 650종이 있고 그중 절반 이상인 350여 종이 주기적으로 이주migration*하는 철새다. 이 새들은 연중 7개월을 열대지역에서 보내고 새끼를 낳기 위해 북쪽으로 수천 킬로미터를 날아온다. 번식지를 고르는 데 왜 그렇게까지 수고를 하는지 의문이 들지 모르겠다. 새들이 장거리 이동을 할 때 생기는 생리적 부담감을 생각하면 더욱 이해하기 어려울 것이다. 대서양 혹은 걸프만을 가로지르는 철새라면 이동하는 동안 체중의 35퍼센트 가량을 소모하기에 대부분은 육지에 발을 딛기도 전에 탈진해 목숨을 잃는다(Kerlinger 2009). 북아메리카에 도착해 순풍을 탄다면 하룻밤 새 500킬로미터도 더 이동할 수 있지만 잠시 쉬어가기 위해 여정을 멈춘다면 반드시 재충전할 먹이가 필요하다. 봄에 철새들은 대부분 지방과 단백질이 풍부한 곤충으로 에너지를 얻는다. 사냥할 곤충만 충분하다면 철새는 경유지에서 매일 체중을 30~50퍼센트 가량 늘릴 수 있다(Faaborg 2002). 하지만 날씨 상황이 좋지 않다면 문제다. 특히 봄에 발생하는 폭풍우나 정체전선, 가을에 찾아오는 허리케인을 이동 중에 마주친다면 말이다. 그러니까 철새에게 '이주'는

---

* 철새의 대이동. 주로 봄과 가을에 번식지와 월동지 사이를 주기적으로 이동하는 습성을 말한다.

이들이 일생동안 겪을 일 중 가장 위험하고 부담이 큰 사건이다. 하지만 봄에는 번식을 위해 북쪽으로 이동하고 가을과 겨울이 되면 다시 따뜻한 남쪽으로 이동해 겨울을 나는 철새의 습성은 생태적으로 단점보다는 장점이 많다. 그렇지 않다면 수백 종이나 되는 새가 그렇게 진화했을 리 없다. 확실한 건 철새가 이주하는 방식을 선택했을 당시에는 그 이점이 훨씬 컸으리라는 것이다. 실제로 번식을 위해 북쪽으로 이주하는 새는 그렇지 않은 새보다 훨씬 많은 새끼를 기를 수 있었다.

지구에서 가장 최근 빙하기가 끝난 이후와 그 이전의 간빙기 동안, 온대지역의 기후와 식생은 새들이 열대지역에서 얻지 못하는 무언가를 선사했다. 거의 무궁무진한 숫자로 공급되는 곤충이다. 봄이면 북미 전역에 신선하고 부드러운 식물이 폭발적으로 늘어나 그것을 먹이로 삼는 곤충의 개체수도 함께 증가했다. 새들로서는 새끼를 돌볼 수 있는 자원의 노다지가 탄생한 셈이다. 코넬대학교 조류학과 연구소에 따르면 이런 어마어마한 양의 먹이를 쫓아 북쪽으로 이주한 새들은 매년 4~6마리의 새끼를 길러낼 수 있고 이는 열대지역에서 번식해 새끼를 2~3마리 낳는 새들보다 훨씬 생산적이다. 철새로서는 이주하는 동안 겪는 스트레스와 위험을 감수할 만한 가치가 있다는 얘기다.

그러므로 철새의 진화는 온대지역에서 주기적으로 곤충이 폭발적으로 늘어나는 현상에 수천 년 동안 자극을 받아 이주하는 습성으로 굳어졌다고 예측할 수 있다. 어떤 조류학자들은 온대지역이 열대지역보다 상대적으로 포식자 비율이 낮다는 점도 중요한 역할을 했다고 설명한다. 어쨌든 번식지에서의 높은 번식률과 이주 중 사망률 사이의 균형이 깨지지만 않는다면 철새들에게 이주는 여전히 매력적인 선택지일 것이다. 단, 새들이 새끼를 양육하기 위해서는 곤충이 꼭 필요하므로 이주하는 모든 번식지에는 다양한 곤충이 풍부히 살고 있어야 한다. 여기서 문제가 하나 생긴다. 우리가 철새 번식지에서 나무의 절대적인 숫자를 줄이거나 다양한 곤충과 관계를 맺고 사는 토종식물 대신 그보다 능력이 부족한 도입종이나 침입종 식물을 마구 심어 퍼뜨린다면 곤충의 숫자는 급격히 줄어들고, 결과적으로 철새의 이주능력도 타격을 입을 것이다. 너무 극단적으로 말하는 것 같겠지만, 나는 지난 15년이 넘는 기간 동안 델라웨어대학교 학생들과 침입종(또는 관상용) 식물이 곤충과 그 곤충을 사냥하는 새들에게 미치는

○ 검은목푸른솔새. 곤충이 풍부한 북부지역에서 새끼를 기르기 위해 주 서식지인 쿠바에서 뉴잉글랜드까지 먼 거리를 날아온다.

영향을 조사 분석했다. 그리고 이 연구에서 앞의 주장을 뒷받침할 충분한 데이터를 얻었다.

토종식물이 자라는 정원

최근에 나는 멜리사 리처드, 아담 미첼과 함께 비非토착종 식물이 애벌레에 미치는 영향과 그 규모를 제대로 그려내는 연구를 진행했다(Richard 외 2018). 우리는 농경지에 있는 생울타리에 비토착종 식물을 심었을 때 애벌레의 분포에 어떤 변화가 생기는지 추적하기로 했다. 보리수나무, 찔레나무, 콩배나무, 개머루, 화살나무, 애기병꽃나무 등의 도입종으로만 이루어진 생울타리를 찾는 건 어렵지 않았다. 우리가 연구를 진행한 델라웨어 대학교 근처의 '자연' 환경에서도 쉽게 볼 수 있었다. 그보다는 이런 침입종 식물이 적은 생울타리를 찾는 게 더 어려웠다. 우리는 결국 생태계 복원 지역과 사슴 개체수가 별로 없는 지역(침입종이 번지면서 생태계가 악화된 지역)을 조합해 원하는 조사 장소를 찾아냈다. 침입종 식물로만 이루어진 공간 네 군데, 그리고 침입종과 토착종이 혼합된 비슷한 크기의 공간 네 군데를 말이다. 우리는 가로로 길게 구역을 나눠 6월에 한 번, 그리고 7월 말에 또 한 번 각각의 구역에서 발견한 애벌레의 개체수와 무게를 측정했다. 침입종으로만 이루어진 생울타리를 조사할 때마다 애벌레 숫자가 급격히 줄어들었다. 토착종이 섞인 생울타리보다 식물의 바이오매스는 훨씬 높았지만 애벌레 종류는 68퍼센트, 숫자는 91퍼센트 더 적었고 결과적으로 애벌레 바이오매스가 96퍼센트나 떨어졌다. 애벌레를 사냥하는 동물이 매일같이 필요로 하는 먹이의 양을 기준으로 이 숫자를 재해석하면, 침입종 식물로만 이루어진 서식지에서 그들이 섭취할 수 있는 먹이는 96퍼센트나 줄어든다는 사실을 확인할 수 있었다!

이 결과는 애벌레를 사냥하는 동물에게 어떤 의미를 지닐까? 첨단과학이 아니기 때문에 서식지에서 먹이의 양이 줄어든다고 그것을 필요로 하는 동물의 숫자도 줄어들 것이라는 결론을 바로 도출할 수는 없다. 하지만 이 논리가 미심쩍다거나 비약적으로 느껴진다면, 여러분 집에 매달아둔 새 모이통에 먹이를 가득 채우고 하루에 얼마나 많은 새가 찾아오는지 세어본 다음 다른 날에는 모이통을 4퍼센트만 채우고(96퍼센트를 줄인 양이다) 다시 한 번 새들의 숫자를 세어보자. 아마도 새들은 얼마 지나지 않아 모이통을 텅텅 비우고 떠나버릴 것이다. 만약 새들이 새끼를 양육하는 데 전적으로 여러분의 모이통에만 의지했다면 새끼들은 굶주리거나, 어쩌면 어미새가 알을 낳기도 전에 여러분 마당에서는 번식이 불가능하겠다고 판단해 미리 포기했을지도 모른다. 당연한 말이지만 문제는 대부분의 새가 우리가 제공하는 모이통의 먹이나 그밖에 다른 지역에서 구할 수 있는 씨앗, 혹은 근방에서 자라는 덤불의 열매에만 의지해 새끼를 기르지는 못한다는 사실이다. 새들이 새끼에게 주는 먹이는 주로 곤충과 거미(거미도 생존을 위해서는 곤충이 필요하다)다. 따라서 곤충이 살아가는 데 필요한 토착종 식물을 많이 심지 않는 이상 새들은 찾아오지 않을 것이다.

새들의 개체수를 유지하기 위해 충분한 곤충 먹이가 필요하다는 추측을 뒷받침할 논리적 데이터는 충분하다. 우리 연구실에 있었던 데지레 나랑고가 처음으로 교외의 뜰에서 비토착종 식물이 새의 번식에 미치는 영향을 조사했다(Narango 외 2017). 많은 사람이 살고 있고 새들에게도 평범한 교외 서식지인 워싱턴에서 가장 많이 번식하는 캐롤라이나박새Carolina chickadee를 대상으로 한 이 연구에서 데지레는 토착종이 아닌 관상용 식물에서 사는 애벌레의 숫자가 토착종 식물에서 사는 애벌레의 숫자보다 75퍼센트 정도 부족하다는 사실을 발견했다. 먹이가 줄어드는 이 현상이 캐롤라이나박새에게는 어떤 영향을 미쳤을까? 정말로 큰 타격을 입었다. 마당의 식물 바이오매스에서 비토착종이 30퍼센트 이상을 차지하면(데지레가 연구한 마당에서 비토착종 식물의 비율은 평균 56퍼센트였다) 박새의 번식률은 60퍼센트 이하로 떨어지고 아무리 최선을 다해도 개체수를 유지할 수 있을 만큼의 새끼를 낳을 수 없다. 이 연구로 얻은 좋은 소식이 하나 있다면, 오늘날 우리가 조경을 할 때 무엇을 목표로 삼아야 할지를 다시 한 번 분명하게 보여줬다는 점이다. 데지레의 연구는 우리가 조경을 할 때 식물의 70퍼센트 이상을 생산성 높은 토착종으로 채운다면 새들에게 부족함 없이 먹이를 제공할 수 있다는 사실을 역으로 알려준다.

밥값을 하는 탐조인이라면 봄에 철새가 어떤 나무를 찾아오는지 정확히 알고 있어야 한다. 그건 바로 참나무다! 수백만 명

흰눈솔새. 다양한 곤충 없이는 번식을 할 수 없는 수백 종의 새 중 하나다.

에 달하는 탐조인의 선택이 틀릴 수 있을까? 그럴 리는 없다고 생각한다. 몇 년 전 우리 연구실 학생 중 하나였던 크리스티 벨은 이와 관련한 연구를 진행했다. 크리스티는 봄에 이주하는 솔새류가 뉴저지주에 서식하는 열다섯 종의 나무에서 먹이를 사냥하면서 보낸 시간을 비교했다. 솔새는 소나무보다 참나무에서 세 배는 오래 머물렀고, 아깝게 3등에 머문 자작나무보다는 여섯 배나 오래 머물렀다. 그 외 열두 종의 나무에서는 아주 짧게만 머물렀다. 새들은 먹이만 있다면 나무의 종류를 크게 상관하지 않는다는 사실을 기억하자. 대신에 이들은 얼마나 효율적으로 사냥할 수 있는가에 초점을 맞춘다. 먹이도 별로 없는 곳에서 먹이를 찾느라 시간과 에너지를 허비하는 건 특히나 철새에게 치명적이다. 이들이 먹이가 별로 없는 나무에 머무르는 시간은 여러분이 선반이 텅텅 빈 편의점에 머무르는 시간과 비슷할 것이다. 단 몇 초 말이다.

이 글에서 내가 말하고자 하는 바는 단순하다. 아내와 내가 매년 이 무렵 우리집 마당에서 철새들이 부산스레 이동하는 모습을 보며 즐거워하는 것만큼이나 여러분의 마당에도 새가 많이 찾아가길 바란다. 우리집 마당에는 이 시기 새가 가장 필요로 하는 곤충을 잔뜩 끌어들이는 참나무가 있고, 참나무를 심는 건 여러분도 언제든 할 수 있는 일이니 말이다!

대부분의 나라에서 5월은 정말 다양한 애벌레가 참나무를 필요로 한다는 사실을 눈으로 확인할 수 있는 달이다. 그뿐 아니라, 미리 경고하지만 이 시기는 여러분 주변의 참나무에서 애벌레를 사냥하는 강력한 경쟁자를 만날 수 있는 달이기도 하다. 다양한 철새가 이주 중에 몸을 재충전하기 위해 찾아오고, 동시에 텃새도 새끼를 기르기 시작하면서 매일같이 수백 마리의 애벌레를 사냥한다. 특정한 식물이 애벌레를 '끌어들이는' 특성이 있다고 이야기할 때 가끔 그 표현이 이상하게 느껴지기도 하지만, 이 말은 실제로 벌어지는 일을 꽤나 잘 설명해준다. 애벌레는 그들이 갉아 먹는 이파리에 저장된 에너지와 영양분을 기반으로 성장한다. 사실상 애벌레에게 이파리는 걸어 다니는 길 그 이상이다. 다양한 종류의 나방 나비류와 함께 진화해온 식물은 그렇지 않은 식물보다 더 많은 애벌레를 '끌어들이'고 '성장'시킨다.

내가 어릴 때 우리 가족은 매년 여름이면 뉴저지 북부에 있는 호숫가로 캠핑을 가곤 했다. 우리는 5월 말에 텐트를 치고 그것을 다시 해체하는 9월이 오기 전까지 여름 내내 여러 번 사용했다. 당시에 텐트는 무거운 천막으로 만들어져 수시로 치고 접기가 쉽지 않았다. 특히 뜨거운 여름에는 말이다. 아버지는 참을성 있는 사람이었지만 텐트를 치는 날이면 그 바닥을 시험 당하곤 했다. 어느 날은 아버지가 등을 다치셨는데 그 사고에 결정적 역할을 한 원인 중 하나로 우리 텐트에 그늘을 드리운 커다란 참나무에서 계속해서 쏟아지던 무수히 많은 초록 애벌레를 들 수 있다. 무슨 이유에선지 아버지는 자신의 코 위나 티셔츠 안쪽으로 애벌레가 떨어지는 걸 잠시도 못견뎌했다. 아버지에게 애벌레는 징그러운 골칫거리에 불과했다. 그러나 만약 아

애벌레들이 이파리를 걸어 다니는 것처럼 보이는 건 그 전체가 먹이이기 때문이다.

버지가 새라면 어땠을까? 그 어마어마한 애벌레를 다르게 바라봤을 것이다. 그랬다면 아버지는 이 애벌레들이 매일 삼시세끼를 책임지는 식사거리일 뿐 아니라 번식에도 중요한 역할을 한다는 사실, 그래서 결국 뉴저지 숲이 자녀 양육에 있어 중요한 메카라는 사실을 이해하고 고마워했을 것이다.

새들에겐 다행인 일인데, 그들이 가장 좋아하는 자벌레(살이 야들야들하고 맛있는 자나방과Geometridae 애벌레)는 봄이면 어딜 가든 목격할 수 있다. 아니 적어도 그랬었다. 회색팽나무가지나방, 흰줄자벌레, 한점자벌레 그리고 겨울자나방*은 참나무에서 흔히 발견되는 자나방 종류로, 그 애벌레 때문에 사람들은 나무를 '살리기' 위해서라며 반사적으로 살충제를 뿌린다. 하지만 내 생각에 진짜 이유는 우리 아버지처럼 머리 위로 떨어지는 작은 녹색 애벌레를 별로 좋아하지 않기 때문인 것 같다. 그렇다고 나무에 살충제를 뿌리면 생태계에 도미노처럼 재앙이 닥칠 수 있다. 애벌레를 죽이기 위한 것이라지만 먼저 죽는 건 살충제에 더 예민하게 반응하는 애벌레의 천적들이고 정작 애벌레는 잘 죽지 않기에 다음 해가 되면 오히려 포식자와의 균형이 깨져 더 폭발적으로 늘어난다. 그러면 사람들은 다시 살충제를 뿌리는 악순환이 반복된다. 근방에 사는 새들을 포함해 애벌레를 사냥

* 영명은 'fall cankerworm'인데 어른벌레가 가을에 알을 낳기 때문이다.

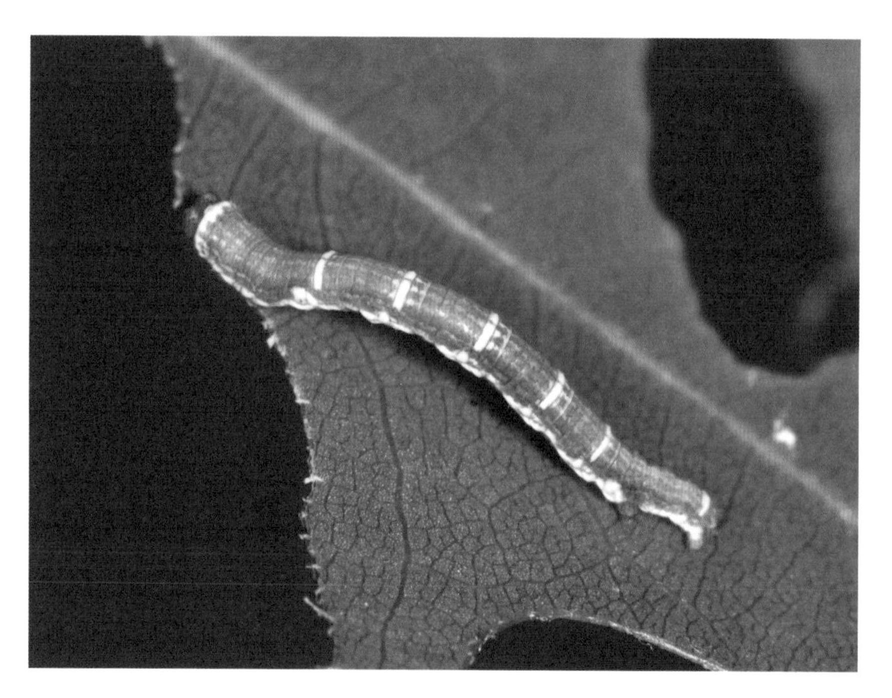

한점자벌레. 봄에 참나무에서 흔하게 볼 수 있는 수많은 자벌레 중 하나다.

하는 다양한 포식자는 그 전해에 새끼에게 먹일 애벌레가 한순간 사라져 새끼를 많이 키워내지 못했을 것이다. 결과적으로 매년 우리가 살충제를 뿌릴수록 애벌레 개체수를 조절하는 새의 숫자만 줄어들고, 얼마 지나지 않아 우리는 애벌레의 확산을 저지할 수 있는 자연 억제제를 다 잃은 탓에 마당 곳곳에 더 많은 살충제만 뿌려대는 굴레에 갇히게 된다. 이 모든 일의 시작이 봄에 폭발적으로 늘어난 애벌레로부터 나무를 살리기 위해서라지만 사람의 개입으로 생기는 다른 방식의 스트레스만 없다면 애초에 나무는 애벌레로 인해 그리 큰 피해를 입지 않는다.

특별한 아름다움

운이 좋다면 이 시기에 참나무에서 또 다른 애벌레를 만날 수 있다. 참나무뒷날개나방oak underwing이 그중 하나로, '뒷날개나방'이라는 이름은 어른벌레가 됐을 때 두 번째 날개에 검정, 빨강 그리고 노랑이나 주황색이 한데 어우러진 밝은 줄무늬가 생겨서 붙었다. 애벌레는 완전히 자라면 길이가 몇 센티미터에 달할 정도로 크지만 실제로 발견하기는 쉽지 않다. 주로 밤에 참나무 이파리를 갉아 먹고 낮에는 먹이 장소에서 멀리 떨어진 나뭇가지나 줄기에 붙어 미동도 없이 가만히 있기 때문이다. 이럴 때 애벌레는 참나무 껍질과 완전히 똑같아 보여서 이를 찾아내는 건 천적들에게도 엄청난 난제다. 그런데 이 애벌레를 쉽게 찾을 수 있는 방법이 하나 있다. 너비 30센티미터 정도의 거친 삼베를 길게 잘

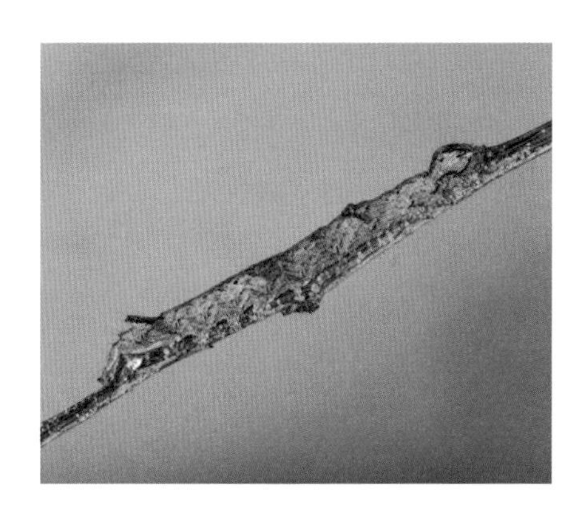

○ 참나무뒷날개나방 애벌레. 다 자라면 몸집이 꽤 크지만 참나무 껍질에 감쪽같이 녹아들어 눈에 잘 띄지 않는다.

라서 참나무 몸통에 감아두고 그 한쪽 끝에 15센티미터 길이의 삼베를 매단다. 그리고 다 자란 참나무뒷날개나방 애벌레가 나무줄기를 기어가는 낮 시간대에 우연히 펄럭이는 삼베 끝까지 기어 나오기를 기다리면 된다.

기주식물로 오직 참나무에만 의지하는 뒷날개나방 종류는 미국 전역에 적어도 17종이 있다. 생물분류학의 아버지이자 오늘날 단 두 단어로 이루어진 명명법(학명에 속과 종소명을 쓴다)을 처음 도입했던 칼 린네는 참나무뒷날개나방에 향명common name*을 붙이면서 여성 혹은 결혼과 관련한 단어를 선택했다. 린네의 뒤를 이은 분류학자들도 비슷한 특성을 지닌 곤충에게 작은 정령, 여자친구, 신부, 부부, 어린 신부, 과부 그리고 요부 같은 의미의 이름을 붙여줬다. 늦은 봄 참나무뒷날개나방 애벌레가 완전히 자라면 땅속으로 들어가 번데기를 만들고 늦여름에 어른벌레가 돼 나타난다. 어른벌레는 나무껍질 틈 사이에 알을 낳으며, 이듬해 봄 애벌레가 깨어나기 전까지는 그 상태로 겨울을 난다.

만약 여러분이 미 남서부 지역에 산다면 이곳에서만 볼 수 있는 보석나방jewel caterpillar 종류와 마주칠 행운이 있을 것이다. 빨강, 노랑, 초록색이 어우러진 이 나방 애벌레는 정말 아름답고 값비싼 보석처럼 생겼다. 이 무렵 우리집에도 찾아오는 참나무보

* 민간에서 부르는 동식물의 이름. 라틴어로 된 학명과는 다른 이름이며, 우리나라에서는 동식물의 향명 가운데 하나를 국명으로 정해 표준화 작업을 하고 있다.

○ 우리집에 찾아오는 유일한 보석나방인 참나무보석나방 애벌레. 북미의 참나무에서 볼 수 있는 나방 중에 가장 독특하고 예쁜 종이다.

석나방*Dalcerides ingenita*이 지구상에서 가장 아름다운 보석나방은 아니겠지만 참나무를 기주식물로 삼는 곤충 중에 가장 독특하고 예쁘다는 건 확실하다. 애리조나주에서는 해마다 두 세대의 참나무보석나방이 탄생하는데 5월과 8월에는 주로 멕시코푸른참나무, 애리조나갈참나무, 에모리참나무에서 애벌레를 볼 수 있고, 6월과 9월에는 어른벌레인 진한 오렌지색 나방을 현관문 불빛 주변에서 발견할 수 있다. 만약 실제로 만난다면 여러분은 자연이 빚어낸 독특한 창조물에 감탄을 금치 못할 것이다.

메인주의 유명한 인시류 연구가였던 롤런드 댁스터(1858~1932)의 이름을 딴 댁스터밤나방Thaxter's sallow은 4월 초, 기온에 상관없이 겨울잠에서 가장 먼저 깨어나는 나방 중 하나다. 하지만 암컷이 참나무 가지에 낳은 알은 참나무 잎이 완전히 무성해지는 5월이 돼서야 부화한다. 이 애벌레는 태생부터 외톨이다. 몸통은 참나무껍질에 쉽게 숨을 수 있도록 얼룩덜룩한 회색을 띠고 그와 대조적으로 등에 일련의 하얀색 삼각형 무늬가 있지만 이 눈에 띄는 무늬를 절대 밖으로 드러내진 않는다. 그 대신 실을 뽑아 어린 참나무 잎을 한데 엮어서는 피난처를 만들고 주로 그 속에 몸을 숨기고 있다. 어차피 이파리 뒤에 숨어 지낼 거면서 왜 눈에 띄는 무늬를 갖게 됐는지는 수수께끼다.

다른 수많은 애벌레처럼 댁스터밤나방 애벌레도 한 해 한 해 지날수록 개체수가 점점 줄어들어 미 동부 여러 주에서 이미 멸종위기종으로 지정된 상태다. 개체수가 갑자기 줄어든 이유를 정확히 알기는 어렵지만, 만약 내가 댁스터밤나방의 개체수를 원상 복구시키라는 임무를 받았다면 가장 먼저 기주식물을 들여다볼 것이다. 댁스터밤나방은 참나무 전문가이고 수많은 참나무 중에서도 갈참나무와 진홍참나무를 특히 좋아한다. 그런데 이 예쁜 애벌레의 숫자가 줄어드는 일과 미 동부에서 참나무 숲을 파괴하면서 빠르게 영역을 넓히고 있는 교외지역의 개발 시점이 우연히 연결된 것은 아니라고 나는 생각한다.

파괴자가 된 매미나방

이쯤에서 악명 높은 매미나방gypsy moth을 언급하지 않고 이 시기에 참나무에서 만날 수 있는 애벌레 이야기를 마무리할 수는 없다. 매미나방은 1869년, E. 레오폴드 트루벨로가 일부러 유럽에서 매사추세츠주로 들여온 곤충이다. 믿거나 말거나한 얘기지만 엉성한 분류학 때문에 말이다. 트루벨로는 교배를 통해 더 나은 누에나방 품종을 만들고자 했다. 그는 매미나방의 활기찬 유전자를 누에나방silk moth에 이식함으로써 훨씬 건강하고 실크도 많이 뽑아내는 괴물을 만들 수 있다고 생각했다. 트루벨로가 한창 활동하던 시기에 매미나방은 누에나방과Bobycidae에 속한다고 잘못 알려져 있었기에 그 계획이 아주 무모했던 건 아니다. 물론 그 분류가 정확했다 해도 일반적으로 같은 과科 생물의 이종교배는 불가능해 매미나방과 누에나방을 교배하는 실험은 성공하지 못했을 테지만 말이다. 어찌어찌 교배에 성공한다 해도 그 자손은 번식하지 못했을 확률이 높다. 그리고 오늘날 우리는 매미나방이 누에나방과는 완전히 다른 태극나방과Erebidae에 속한다는 사실을 안다. 그보다는 어쩌면 개와 고양이를 교배하는 것이 더 성공적일 수 있다!

하지만 이를 몰랐던 트루벨로는 자신의 계획을 진행시켰다. 트루벨로는 유럽에서 매미나방 한 무리를 들여와 자신이 사는 메드퍼드에서 튼튼한 새장에 가둬놓고 길렀다. 하지만 얼마 지나지 않아 찾아온 태풍으로 새장은 산산조각이 났고 매미나방들은 근처 참나무 숲으로 날아가버렸다. 그리고 10년도 안 돼 매미나방은 뉴잉글랜드의 토종 나무들을 고사시키며 북미 역사상 가장 끔찍한 삼림해충이 됐다. 매미나방은 계속해서 서식지를 넓혀갔고 그 과정에서 무수히 많은 참나무가 말라죽었다. 사실 우리 아버지가 오늘날 뉴저지에 텐트를 친다면 예전처럼 참나무에서 후두둑 떨어지는 자벌레들로 고통 받지도 않았을 것이다. 매미나방은 1975년에도 내가 유년기를 보냈던 숲을 한바탕 휩쓸고 지나가며 수많은 참나무를 고사시켜 그 지역에서 번식하는 텃새들과 더 먼 곳으로 이주하는 철새들에게 너무나 중요한 먹이인 자벌레들을 다 죽게 만들었다. 그래서 내게 아버지

○ 매미나방은 북미지역 토종 생태계에 치명적인 영향을 끼친 파괴적 침입종 중 하나다.

에 대한 기억은 매미나방이 등장하기 전의 황금기를 상징하는 한 장면이 돼버렸다.

자벌레를 비롯한 여러 토종 곤충은 그토록 아끼면서 매미나방 같은 도입종은 폄하하는 이유를 궁금해하는 사람이 있을지도 모르겠다. 그냥 다 똑같은 벌레 아닌가? 어떤 의미에서는 그 말도 맞다. 하지만 특정한 생물종이 끼치는 생태적 영향은 여러분이 사는 곳이 어디인가에 따라 긍정적일 수도, 부정적일 수도 있다. 만약 여러분이 유럽이나 아시아에 살고 있다면 매미나방을 이렇게까지 나쁘게 말하진 않을 것이다. 매미나방은 유라시아의 여러 동식물과 함께 진화한 곤충이다. 물론 유라시아에서도 가끔씩 소규모로 나무를 고사시키긴 하지만 미국에서처럼 모든 걸 '파괴하지'는 않는다. 이유는 간단하다. 매미나방 개체수가 폭발적으로 늘어나지 못하도록 억제하는 천적이 그곳에는 있고 이곳에는 없기 때문이다. 유라시아에는 매미나방을 공격하는 포식기생자의 종류만 해도 100여 종이 넘고 그중에는 매미나방만 집중적으로 사냥하는 딱정벌레류를 비롯한 다양한 무척추동물이 있다. 매미나방 개체수가 적정선 이하로 유지되도록 돕는 질병은 말할 것도 없고 말이다. 하지만 북미는 상황이 다르다. 트루벨로는 매미나방과 복잡하게 얽혀 있는 천적은 놔두고 매미나방 한 종만 메드퍼드로 데려왔다. 이곳에 사는 많은 배고픈 새들도 이 먹이사슬에는 뛰어들지 못했는데, 일반적으로 새들은 매미나방처럼 털이 잔뜩 난 애벌레를 싫어하기 때문이다.

북미의 자연에서 이런 불균형을 초래하는 생물이 매미나방 한 종만은 아니다. 비슷한 현상을 꼬마버들독나방, 겨울물결자나방, 서울호리비단벌레, 솔송나무솜벌레, 유리알락하늘소, 왜콩풍뎅이, 참긴더듬이잎벌레, 그밖에 다양한 침입종 식물에게서 찾아볼 수 있다. 천적이 없는 지역으로 홀로 옮겨진 생물은 종종 생태학자들이 '천적회피enemy release'라고 말하는 현상을 겪는데, 그 생물의 개체수를 조절할 포식자나 질병이 없는 새로운 지역으로 들어와 살면서 결과적으로 생태적 대격변을 일으키게 되는 것을 말한다.

이파리의 형태

미국 대부분 지역에서 낙엽성 참나무는 5월 중순에 잎의 크기가 가장 커진다. 만약 북미에서 관찰되는 참나무 종류의 잎을 모두 모아 사진을 찍는다면 그 생태적 다양성을 인상적으로 보여줄 수 있을 것이다. 대부분은 전형적인 참나무 잎처럼 생겼지만 몇몇 나무는 버드나무 잎을 더 닮았고 남서부 지역과 캘리포니아에 서식하는 몇몇은 호랑가시나무 잎을 쏙 빼닮았다. 어떤 참나무 잎은 매우 크고 어떤 참나무 잎은 매우 작다. 또 어떤 이파리는 가장자리가 뾰족뾰족하고 어떤 이파리는 둥글다. 심지어 어떤 나무는 한 그루 안에서도 이파리의 크기와 모양이 굉장히 다르다. 참나무 이파리의 형태가 이렇게 다양한 이유는 뭘까?

이파리의 형태는 식물의 진화적 이야기와 생태적 이야기를 함께 들려준다. 진화적 이야기는 보통 생태적 이야기보다 훨씬 복잡하고 우리가 제대로 이해하고 있는지조차 시험하기 어렵

○
북미지역에서 자라는 참나무 이파리를 종류별로 몇 가지 모아보았다.

다. 식물은 특히 종種이 분화하면서 이파리의 형태가 어느 정도 달라진다. 거대한 산맥이나 강 같은 지질학적 장애물로 인해 어떤 나무가 오랫동안 고립돼 다른 나무들과 유전자를 교류하지 못하면 완전히 다른 모습으로 진화해버리기도 한다. 이렇게 오랜 세월 누적된 변화가 독특한 이파리 형태를 탄생시킨다. 그리고, 꼭 새로운 환경의 독특한 특성 때문이 아니라 특별한 목적도 없이 무작위로 일어나는 유전적 변화도 있다.

반면에 이파리의 형태에 담긴 생태적 이야기는 이해하기가 더 쉽다. 식물에서 이파리가 하는 가장 큰 기능은 태양 에너지를 끌어 모아 광합성을 통해 간단한 당과 탄수화물로 전환하는 것이다. 하지만 우리 모두가 알고 있듯이, 태양은 에너지뿐만 아니라 열도 방출한다. 이파리는 태양이 방출하는 열을 어느 정도는 견딜 수 있지만 온도가 너무 높이 올라가면 내부에서 벌어지는 화학반응에 방해를 받는다. 여기서 잠깐, 멈춰보자. 이파리가 당과 탄수화물을 만들기 위해서는 공기 중 이산화탄소에 들어있는 탄소가 필요하다. 이파리는 세포 안에서 일어날 광합성을 위해 표면의 작은 구멍들, 즉 기공氣孔으로 이산화탄소를 빨아들인다. 그런데 안타깝게도 기공이 열리면 이산화탄소만 들어오는 게 아니라 이파리 내부에 있던 수분이 빠져나간다. 따라서 이파리는 스스로 시들지 않을 만큼의 수분을 지키면서 광합성에 필요한 만큼의 이산화탄소를 얻기 위해 매일같이 기공 여

닫는 시간을 정교하게 조절해야 한다.

한편, 같은 참나무에서도 낮은 가지에 달린 잎은 대부분 꼭대기에 달린 잎보다 크기가 훨씬 크다. 여기에도 이유가 있다. 나무 아래쪽에 있는 이파리는 위에 있는 잎들에 가려 햇빛을 보기가 어렵다. 이런 악조건에서 광합성을 할 수 있을 만큼의 햇빛을 끌어 모으기 위해서는 더 크고 넓고 가장자리에 거치鋸齒* 도 별로 없는 잎 모양이 유리하다. 반대로 나무 꼭대기에 있는 이파리는 햇빛에 완전히 노출돼 광합성보다 오히려 과열을 걱정해야 한다. 따라서 잎 크기는 줄이고 거치를 키우는 두 가지 방법으로 태양에 노출되는 정도를 제한한다.

생태적으로는 이런 상반된 힘이 이파리의 형태를 결정하게 된다. 결과적으로 뜨겁고 건조한 지역에 서식하는 참나무는 높아지는 온도를 일정 수준으로 유지하고 수분을 지키기 위해 기온이 더 낮은 지역에 서식하는 참나무보다 이파리가 작고 두꺼운 편이다. 이런 잎은 대개 수분 손실을 최소화하기 위해 표면도 두꺼운 왁스층으로 코팅돼 있다. 한편, 미 서부에서 자라는 대부분의 참나무는 동부의 몇몇 거대한 참나무보다 키가 훨씬 작아서 플라이스토세에 살던 대형 포유류가 이파리를 쉽게 뜯어먹을 수 있었다. 진화적으로 이는 비교적 최근에 있었던 중요

---

* 잎사귀나 꽃잎 가장자리가 톱니 모양으로 생긴 것.

한 생태적 압력으로, 그 결과 서부의 참나무들은 호랑가시나무처럼 이파리 가장자리가 뾰족뾰족한 모습으로 진화했다.

나무가 한 가지 목표를 이루는 데는 여러 가지 방법이 있을 수 있다는 사실을 잊지 말자. 앞에 언급한 생리적 제한 때문에 참나무 이파리가 절충한 해결책은 그밖에도 더 있을 수 있다. 예를 들어 버들참나무와 흑참나무는 비슷한 남부 서식지에서 자라지만 잎의 형태가 완전히 다르다. 버들참나무 잎은 작고 얇은 반면 흑참나무 잎은 훨씬 크고 끝부분이 넓게 퍼진 모양새다. 어쩌면 이런 차이 때문에 버들참나무의 성장 속도가 흑참나무보다 더딜 거라고 짐작할지도 모른다. 하지만 버들참나무는 흑참나무보다 이파리를 더 많이 만들어 광합성을 할 총면적을 넓힘으로써 그 문제를 보완했고, 그래서 두 나무의 성장 속도는 비슷한 수준을 유지한다.

June

6월

1987년 6월 중순 어느 날, 메릴랜드주에서 고속도로를 달리던 중 자동차 앞 유리창에 무언가가 '쿵' 하고 떨어졌다. 대체 뭐지? 유리창에 묻은 얼룩으로 미루어볼 때 상당히 커다란 곤충 같았다. 하지만 사마귀, 여치, 메뚜기 어른벌레가 출몰하기에는 아직 이른 시기였다. 쿵! 쿵! 또 무언가가 사방에서 차를 두드리듯 부딪쳐왔다. 그러더니 땅으로, 공중으로, 도로를 건너, 여기저기로 튀어 날아갔다. 그냥 지나치기엔 너무 궁금해서 차를 갓길에 대고 밖으로 나가보았다. 도로 위에 서자마자 내가 17년 주기로 등장하는 매미들 한가운데에 서있다는 걸 실감할 수 있었다. 세상에나! 그런 모습은 뉴저지에 살았던 6학년 때 이후로 처음이었다.

매미의 발생 주기

주기매미periodical cicada*의 등장은 자연의 동시성과 느린 발전

---

* 북미에 서식하는 매미 종류로, 13년 또는 17년 주기로 어른벌레가 떼를 지어 나타난다.

을 보여주는 인상적인 현상 중 하나다. 이 매미는 가끔 17년 주기 또는 13년 주기로 나타나는 메뚜기라고 오해를 받기도 하지만 진딧물, 뿔매미, 노린재 등과는 거리가 먼 곤충이다. 주기매미는 그들처럼 아래턱으로 먹이를 씹는 대신, 짧은 빨대 같이 생긴 입으로 먹이를 빨아들인다. 이렇게 즙을 빨아 먹는 입 모양을 다른 곤충에서도 찾아볼 수 있지만 그 입으로 나무뿌리의 목질을 섭취하는 매미 애벌레의 선택은 두 팔 벌려 환영하기 어렵다. 목질은 어디에나 있지만 거기서 얻을 수 있는 것이라곤 그저 영양가 높은 물일 뿐이다. 목질은 질소 농도가 매우 낮고 탄소화합물이 거의 들어있지 않다. 게다가 나무에서 목질을 뽑아내기 위해서는 강력한 근육이 필요하다. 이는 영양분이 더 많은데다 양압陽壓이 걸려 먹기도 더 편한 식물의 체관부*와 극명한 대비를 이룬다. 진딧물 같은 곤충은 식물 체관에 침을 꽂고 너무 힘을 쓰지 않으면서 그 안의 물질을 빨아들인다. 체관 내의 액체가 저절로 밖으로 흘러나오기 때문이다. 그리고 이것이 주기매미 애벌레가 완전히 성숙해질 때까지 십 년 이상의 긴 시간을 필요로 하는 이유 중 하나다. 먹이 성분이 대부분 물이어서 필요한 영양분을 채우기 위해서는 꽤나 애를 먹을 것이다!

미국에는 일곱 종의 주기매미(3종은 17년마다, 4종은 13년마다

* 나무에서 영양분이 이동하는 통로.

등장한다)가 있고 출현 시기와 지질학적 위치, 완전히 자라기까지 걸리는 기간에 따라 다시 23개 품종으로 나뉜다. 미국의 어떤 지역(예를 들어 메릴랜드주)에는 13년 주기와 17년 주기로 나타나는 매미가 모두 살고 있어 다음에 어떤 종이 등장할지를 예측하기가 정말 어렵다. 하지만 미국 북부부터 서쪽에 있는 네브래스카주까지는 일반적으로 17년 주기의 매미가 살고 미국 최남단 동부지역에는 13년 주기의 매미만 나타난다.

주기매미는 수백 마리가 한꺼번에 등장하는 특징이 있다. 그래서 매년 여름 중순에 모습을 드러내는 150여 종의 보통 매미들과 구분해 '주기매미'라고 명칭을 따로 써서 부른다. 반면에, 매년 여름 중순에 등장하는 매미는 해마다 관찰할 수 있다는 사실 때문에 일년생처럼 느껴지겠지만 실제로는 그렇지 않다. 이들도 주기매미처럼 몇 년 동안 땅속에 있는 나무뿌리에 붙어 성장한다. 다른 점은 대부분의 개체가 한꺼번에 등장하지 않고 그 대신 매년 조금씩 모습을 드러낸다는 것이다.

엄청난 양이 떼를 지어 등장하는 것 외에도 주기매미는 또 다른 인상적인 특징이 있다. 바로 시끄러운 소리와 쉴 새 없는 날갯짓이다. 매미는 모두 배 양쪽에 불룩 튀어나온 진동막을 이용해 소통한다. 진동막에 연결된 강력한 근육이 양쪽에서 수축과 이완을 반복하며 소리를 내는데, 마치 우리가 음료수 캔을 딸 때 손가락을 구부렸다 펴는 것과 같은 방식으로 딸깍이는 소리가 난다. 하지만 음료수 캔을 딸 때와 달리 매미의 진동막에 연결된 근육은 매우 빠르게, 정확하게는 초당 300~400번의 수축과 이완을 반복하고 그 소리가 진동막 아래의 빈 공간에서 더 증폭돼 어떤 동물이 만들어내는 소리보다도 크게 들린다. 나는 매미 소리가 너무 크고 음도 높아서 손으로 두 귀를 막아야 했던 코스타리카의 숲에 가본 적이 있다. 매미들 중에 소리를 내는 것은 수컷뿐이며 당연하게도 암컷의 이목을 끌기 위해서다. 만약 암컷 매미가 근처에 있는 수컷의 소리를 듣고 마음에 든다면 날개를 퍼덕일 것이다. 이 퍼덕이는 소리를 듣고 수컷이 암컷에게로 날아가면 여러 번의 떨리는 소리와 날갯짓 끝에 둘은 짝짓기에 성공한다.

비록 매미 애벌레는 땅속에서 성장하지만 암컷은 나무껍질을 비집고 들어갈 만큼 튼튼한 산란관을 이용해 기주식물의 얇은 가지 안쪽에 가지런히 알을 낳는다. 알은 나무의 수분을 흡수하면서 성장한다. 6주가 지나면 작은 애벌레가 깨어나 바닥으로 떨어지고 나무뿌리를 찾을 때까지 땅속을 파고든다. 나무뿌리를 찾은 애벌레는 거기에 침을 꽂고 완전히 자랄 때까지 목질부를 빨아들인다. 환경만 괜찮다면 다 자란 참나무는 뿌리에 2만~3만 마리의 매미 애벌레를 붙이고도 눈에 띄게 위축되지 않고 살 수 있다. 그리고 적당한 시기가 되면 애벌레는 모두 땅

위로 기어 올라와 하루나 이틀 안에 탈피脫皮*를 한다. 땅속에서 각자 몇 년을 보냈던 애벌레들이 일시에 보여주는 이 동기화에는 놀라지 않을 수 없다. 어떻게 이들이 동시에 때를 맞춰 땅 위로 올라올 수 있는지는 여전히 수수께끼다. 하지만 그 이유는 무엇보다 이들이 살던 환경, 즉 흙의 온도와 나무뿌리의 목질부 자체에서 찾아야 할 것이다.

이유가 뭐든 간에 매미 애벌레가 땅에서 기어 나오면 사람들은 기주식물 주변에서 지름 약 1센티미터 크기의 구멍 수천 개와 다량의 매미 허물이 등장하는 기현상을 접하게 된다. 일반적으로 매미 애벌레는 허물을 벗기 위해 나무 둥치를 수십 센티미터 거슬러 올라가는데 둥치가 짧을 경우에는 땅 위에서 바로 탈피하기도 한다. 매미가 벗은 허물은 키틴질로 이루어져 내구성이 매우 좋기 때문에 이후 몇 달 동안이나 나무줄기에 붙어있는 모습을 관찰할 수 있다. 이는 곤충에게서 일어나는 가장 특별한 사건인 탈바꿈을 아주 잘 보여주는 즐거운 증거물이 아닐 수 없다.

매미는 왜 땅속에서 길게는 13년 혹은 17년까지도 보내는 걸까? 앞서 언급했듯이 나무뿌리의 목질부에는 영양분이 많지 않아 애벌레가 완전히 성장하기까지 오랜 시간이 걸린다. 하지

---

* 곤충이 어른벌레가 되기 전 허물을 벗는 것.

만 우리가 매년 볼 수 있는 몇몇 매미는 4년이라는 비교적 짧은 기간에 완전히 성장한다는 증거가 있으므로, 그 외에도 다른 이유가 더 있을 것이다. 대체 주기매미는 나머지 기간에 무엇을 하며 보내는 걸까? 생태학자들은 이 의문스럽고 극단적인 생애주기를 포식자 포만predator satiation*이라는 가설로 설명한다. 앞서 참나무의 도토리 생산량이 주기적으로 늘어나는 현상과 비슷하다. 13년 또는 17년 동안 땅속에서 무사히 살아남은 주기매미는 두 가지 방법으로 포식자를 따돌린다. 첫째는 어마어마한 양의 어른벌레가 동시에 등장해 포식자를 수적인 측면에서 압도하는 것이다. 다람쥐, 새, 주머니쥐, 너구리, 여우, 그밖에도 많은 포식자는 갑자기 엄청난 숫자로 등장한 매미를 모두 먹어치우지 못한다. 따라서 대부분은 아닐지라도 많은 암컷이 살아남아 알을 낳을 수 있다. 두 번째로는 매년 등장하는 매미를 사냥하는 데 도가 튼 천적, 예를 들어 매미잡이벌에게 잡아먹히지 않기 위해 오랜 간격을 두고 등장한다는 설이다. 만약 매미잡이벌 같은 말벌류가 주기매미를 사냥하기로 '마음먹는다(진화적인 측면에서 말이다)'면 이 '한바탕 먹을 수 있는' 뷔페가 주기적으로 등장하는 시기에 맞춰 그들의 세대 간격도 13년 또는 17년으로 조절해야 할 것이다.

참나무뿔매미의 번식 전략

6월에 참나무에서 목격할 수 있는 놀라운 생명체 중 또 하나는 매미와 아주 가까운 친척이지만 그보다는 눈에 잘 띄지 않는 참나무뿔매미oak treehopper다. 사실 여러분이 그 존재를 알아차리기도 전에 참나무뿔매미는 여러분 주변의 나뭇가지 끝에서 진액을 빨아먹고 있을 것이다. 그 모습을 보고 싶다면 나무를 주의해서 살펴야 한다. 뿔매미들은 건드리면 자기 몸길이의 몇 배나 되는 거리를 한 번에 뛸 수 있는 강력한 뒷다리를 갖고 있으니 말이다.

참나무에 특화된 뿔매미 종류가 몇 가지 있지만 여기서는 참나무뿔매미 한 종만 들여다보겠다. 간혹 이 뿔매미를 보고 가시뿔매미thorn bug로 착각하는 경우가 있는데 첫 번째 가슴마디** 위쪽에 달린 앞가슴등판에 장미 가시 같은 독특한 뿔이 돋아있기 때문이다. 이 앞가슴등판은 다른 뿔매미류에 비하자면 얌전한 편이지만 그 외 다른 곤충보다는 꽤나 눈에 띈다. 뿔매미들이 이렇게 인상적인 앞가슴등판을 지닌 이유는 정확히 알려지지 않았지만 방어(어떤 곤충은 단단한 몸통에 가시가 여러 개 있어 새나

---

* 엄청난 숫자의 피식자가 한꺼번에 등장하면 포식자가 이를 다 먹어치울 수 없어 피식자의 개체수가 늘어난다는 이론.

** 일반적으로 곤충의 가슴은 세 개의 마디로 이루어져 있고 각 마디마다 한 쌍의 다리가 있다.

도마뱀이 삼키기 어렵다), 은폐(줄기에 가시가 난 식물 사이에 숨으면 찾기 어렵다), 그리고 모방(불쾌함을 불러일으키는 침 있는 개미의 모습을 모방해 포식자를 피하는 종도 있다)의 가능성이 있다.

참나무에 사는 뿔매미는 대체로 생김새가 매우 흥미롭지만 한 자리에서 수액만 빨아먹기 때문에 눈에 잘 띄지 않는다. 하지만 몇몇 종은 두드러진 특징이 있는데 번식을 하는 방식에서 사람의 행동 습성을 닮았다는 점이다. 대표적인 예로 참나무뿔매미 암컷은 알을 낳은 후 그 알에서 애벌레가 깨어나 어른벌레로 성장할 때까지 곁을 지킨다. 동물의 세계에서는 번식 자체가 굉장히 비용이 많이 드는 과정이기에 이렇게나 오랫동안 부모 역할을 수행하는 경우가 드물다. 특히나 곤충계에서는 말이다. 참나무뿔매미 암컷은 새끼의 곁을 지키고 보호하느라 더 많은 새끼를 낳을 수 있는 가능성을 희생한다. 이는 대부분의 곤충이 보여주는 행동양식과는 확연히 다르며, 참나무에 사는 다른 뿔매미에게서도 발견할 수 없는 특징이다. 대부분의 곤충은 한 무리의 새끼에게만 투자하기보다 여러 시공간에 걸쳐 알을 퍼뜨려 낳는 방법을 택한다. 말하자면, 참나무에 사는 다른 뿔매미는 알을 모두 한 바구니에 담지 않고 서로 다른 장소에 있는 여러 바구니에 나눠 담는다. 그리고 더 많은 알을 낳기 위해 알을 낳은 즉시 다른 곳으로 떠나버린다. 일반적으로 다음 세대의 생존 가능성이라는 측면에서 보면, 낳은 알을 지키고 있는 행동보다

○ 참나무뿔매미는 알을 낳은 후 그 알에서 깨어난 애벌레가 어른벌레가 될 때까지 곁을 지키며 돌보는 몇 안 되는 곤충 중 하나다.

○ 참나무에 사는 뿔매미 종류 중 하나인 낙타뿔매미. 참나무보다 집 현관의 불 켜진 전등 주변에서 더 쉽게 관찰된다.

후자의 전략이 더 효과적이다. 포식자와 포식기생자가 알의 일부를 찾아낼 순 있어도 전부를 찾아내진 못할 테니 말이다. 그리고 알을 지키기 위해 붙박이처럼 머물러 있는 암컷보다는 자리를 지키지 않고 떠난 암컷에게 더 많은 알을 낳을 기회가 주어진다. 그 결과 더 많은 새끼가 살아남을 수 있음은 물론이다 (Tallamy 1999).

그렇다면, 더 나은 방법이 있음에도 참나무뿔매미가 알을 돌보기로 선택한 이유는 뭘까? 좋은 질문이다. 나는 몇 년간 이 질문의 답을 찾기 위한 연구를 진행했다(Tallamy와 Brown 1999). 알을 낳아 성심성의껏 돌보는 종과 그렇지 않은 종을 비교하니 놀라운 결과가 나왔다. 번식 전략으로 알을 돌보는 방식을 선택한 곤충은 거의 예외 없이 일생에 단 한 번만 번식을 했다. 반면에 낳은 알을 신경 쓰지 않고 떠나는 곤충은 반복생식, 그러니까 죽기 전까지 여러 번 알을 낳았다. 나는 이 사실이 진화적으로 새끼를 돌보는 방식을 다르게 선택하게 했다고 생각한다. 어떤 곤충에게는 새끼를 돌보는 일이 다음 번식의 기회를 빼앗는 것이겠지만 만약 다시 번식할 기회가 없는 곤충이라면, 예를 들어 겨울이 코앞이라거나 새끼를 키울 먹이가 절대적으로 부족한 경우라면, 알을 더 낳으러 가는 대신 이미 낳은 알을 포식자로부터 지키는 것이 합리적인 선택일 수 있다. 반면에 계절적으로나 먹이를 얻는 데 아무런 제한이 없다면, 새끼 몇 마리만 확실히 키워내는 것에 너무 많은 생태적 비용을 쏟을 필요가 없다. 참나무뿔매미가 그 완벽한 예다.

참나무뿔매미는 한 번은 봄에, 또 한 번은 가을에, 일 년에 두 세대가 태어난다. 알에서 깨어난 애벌레가 활동을 하는 시기는 참나무 관다발 속으로 영양분이 이동하는 아주 짧은 기간뿐이다. 어른벌레로 겨울을 난 암컷은 초봄 잎눈이 부풀어 오르기 전에 참나무 가지에 알을 낳는다. 그리고 나무가 잎눈을 성장시키기 위해 뿌리로부터 영양분을 끌어올리기 시작할 때 애벌레가 깨어나 활동을 시작한다. 나뭇가지에 자리를 잡은 애벌레는 참나무 관다발 속으로 흐르는 영양분을 낚아채며 빠르게 어른벌레로 성장한다. 얼마 지나지 않아 참나무에서 잎들이 피어나면 영양분은 더 이상 나무의 체관 안에서만 흐르지 않고 가을이 될 때까지 이파리에 대부분 저장된다. 다시 말하면, 여름 동안에는 이들이 번식에 신경 쓸 필요가 없다는 뜻이다! 여름을 잘 보낸 어른벌레는 참나무가 겨울을 준비하기 위해 다시 한 번 뿌리로부터 에너지를 빨아들여 관다발에 영양분이 흘러넘치는 가을을 기다렸다가 알을 낳는다. 이렇게 일 년에 두 번, 봄과 가을에 참나무뿔매미가 참나무 가지에 자리를 잡고 알을 낳은 후 애벌레가 깨어나 나무 체관의 영양분을 빨아들이며 성장하는 기간은 아주 짧다. 따라서 반복생식은 이들에게 가능한 선택지가 아니다. 봄과 가을에 등장하는 세대 모두 참나무에서 영양분을 얻으며 자랄 시간이 충분하지 않기에 암컷은 알을 여러 번 낳지 않는다.

대개의 경우 참나무뿔매미 어른벌레는 한밤중 현관문 앞에 켜둔 전등 주변에서나 발견될 뿐, 절대로 쉽게 눈에 띄지 않는다. 하지만 봄과 가을 아주 잠깐 동안은 참나무 가지에 늘어선 이들의 모습을 볼 수 있을지도 모른다. 이들의 아름다운 형태를 즐기고 무리 사이의 상호작용을 감상할 수 있는 기회는 해마다 딱 두 번 찾아온다. 한 번은 겨울을 난 참나무가 뿌리로부터 영양분을 빨아들이는 봄이고, 두 번째는 참나무뿔매미의 천적이 가장 많이 찾아오는 가을이다.

이상하게 생겨야 살아남는다

6월, 대부분 지역에서 참나무에 사는 애벌레들은 주로 나무 위가 아닌 바닥 주변에서 발견된다. 애벌레들이 참나무를 피해서가 아니라 새들이 나무에 있는 대부분의 애벌레를 먹어치웠기 때문이다. 6월까지 나무에 남아있는 애벌레는 혐오감을 주는 형태이거나 새들이 신경을 쓰기에는 너무 작은 것들으로, 보통 이파리 가장자리나 내부에 완전히 숨어있다. 그리고 가끔은 아리송한 형태를 띠어 새의 눈을 피하는 애벌레도 있는데, 딱 적합한 예로 켄트자나방Kent's geometer을 들 수 있다. 캔자스주 동부부터 대서양 연안과 캐나다 근방, 조지아주까지 분포하는 켄트자나방 애벌레는 나뭇가지 모양을 너무도 훌륭하게 흉내 내 새뿐 아니라 호기심 많은 사람들의 눈을 곧잘 속인다. 주변 참나무에 이 자벌레가 살고 있는지를 확인하려면 털어잡기 장비의 도움을 받는 게 좋다(다음 페이지 참조). 이 시기에 개체수가 그리 많지 않은 켄트자나방의 어느 정도 자란 중령 애벌레를 관찰하는 건 박물학자에게도 매력적인 일일 것이다. 많은 자벌레가 그렇듯 켄트자나방 애벌레는 주변 환경에 감쪽같이 녹아들어

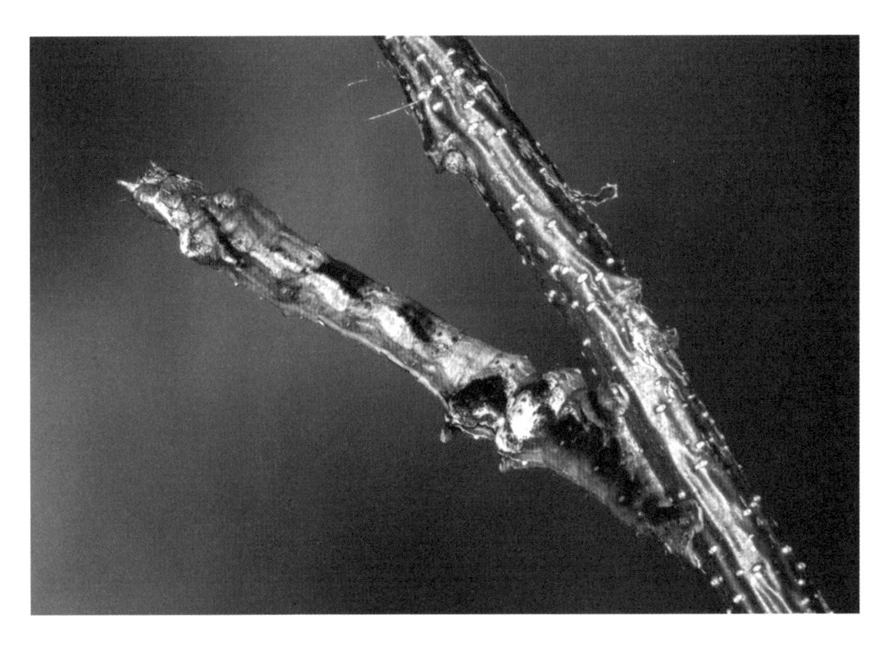

켄트자나방 애벌레는 나뭇가지 모양을 완벽하게 흉내 내 포식자의 눈을 피한다.

애벌레를 채집하는 법

애벌레를 채집하는 가장 일반적인 방법은 털어잡기 장비를 사용하는 것이다. 채집하고 싶은 애벌레가 있는 이파리 밑에 장비를 대놓고 막대기로 가지를 살짝 건드리기만 하면 된다. 애벌레가 장비 위로 떨어지면 이를 관찰하고 사진을 찍거나 표본으로 만든다. 나무껍질이 망가질 정도로 가지를 세게 내려칠 필요는 없다. 놀랍게도 애벌레를 떨어뜨리는 건 무력이 아니다. 아무것도 모르는 애벌레의 허를 찌르면 쉽게 가지에서 떨어지지만 애벌레가 이상함을 느끼는 순간 가지에 더 단단히 달라붙어 채집에 실패할 수 있다.

○ 털어잡기 장비를 활용하는 모습

제 몸을 숨기는데 그 재주가 실로 놀랍다! 몸의 세 번째 마디를 접어 둥글게 만 다음 나뭇가지 위에 자세를 잡으면 완벽하게 나뭇가지 모양이 된다.

이 무렵 참나무에서 발견할 수 있는 또 다른 독특한 곤충으로 필라멘트자나방filament bearer이 있다. 만약 필라멘트자나방 애벌레가 새의 눈을 피해 살아남는다면 그 다음으로 위험한 천적은 그 등에 내려앉아 알을 낳으려는 작은 포식기생자다. 이 애벌레는 이름에 정말 잘 어울리게 생겼는데, 등에 있는 히드라를 닮은 외골격이 필라멘트처럼 네 방향으로 발달해 그의 몸에 알을 낳으려는 포식기생자를 방해한다. 애벌레는 속이 빈 외골격 안으로 혈액림프(애벌레의 혈액)를 넣거나 뽑아내는 행동으로 이를 빠르게 부풀리거나 수축시킨다. 이 부위를 살짝 건드려 독특한 움직임을 관찰하는 것도 재미있다.

필라멘트자나방 애벌레. 마치 공기를 불어넣은 야구방망이 모양의 필라멘트 구조를 이용해 작은 포식기생자로부터 제 몸을 보호한다.

지금까지 알려진 바로 미국에서 참나무는 나방 897종의 보금자리가 되고 있지만 무슨 이유에선지 참나무를 기주식물로 삼는 나비는 33종밖에 안 된다. 그중 열다섯 종은 부전나비과 Lycaenidae에 속한 녹색부전나비hairstreak 종류다. 참나무녹색부전나비, 캘리포니아까마귀부전나비, 줄무늬까마귀부전나비 등 참나무에 특화된 이들 애벌레는 겉모습이 전혀 애벌레 같지 않다. 다른 부전나비 애벌레처럼 앞뒤 모습의 구분이 분명하지 않은 데다 마디만 뚜렷해 부드러운 민달팽이 같은 느낌이 난다. 당연히 몸에는 앞뒤가 있지만 머리가 첫 번째 가슴마디 안에 숨어있어 위에서 보면 똑같아 보인다. 이 애벌레들은 정말 천천히 움직이고 먹는 속도도 매우 느리며 어느 배경에나 감쪽같이 녹아든다.

그러나 어른벌레가 되면 흥미로운 일이 벌어진다. 녹색부전나비는 아주 작고 움직임이 조심스러운 나비 무리로, 보통은 꽃 위에 살포시 내려앉아 꿀을 빨거나 이파리에 앉아 쉬는 모습으로 발견된다. 날개를 접은 채 꼼짝도 하지 않고 가만히 있는 경우가 많아 조심스레 다가가 사진을 찍기에도 좋다. 그런데 이들이 이렇게 가만히 있는 데는 다른 이유가 있는 게 확실하다. 녹색부전나비는 어딘가에 앉아있을 때 다른 나비들처럼 날개를 자주 접었다 폈다 하지 않고 접은 자세를 그대로 유지하고 있다. 그래서 누구라도 쉬고 있는 녹색부전나비를 목격한다면 그 뒷날개 아래쪽 가장자리에 주황색이나 빨간색 얼룩과 함께 눈에 띄는 검은색 점이 찍혀 있는 것을 발견할 수 있다. 햇빛에 날개 뒤가 살짝 비칠 때면 뒷날개 두 개가 겹쳐 마치 한 쌍의 눈과 더듬이 같아 보인다. 그리고 이것이 바로 녹색부전나비의 노림수다. 날개 끝부분을 눈과 더듬이가 달린 머리처럼 보이게 하는 것 말이다.

100년이 넘는 시간 동안 녹색부전나비는 새를 속이기 위해 이 가짜 머리 형태를 고안했다고 알려졌다. 새들은 보통 곤충을 사냥할 때 머리 쪽을 노린다. 만약 그 무늬 때문에 어떤 새가 실제로 나비 머리가 뒤쪽에 있다고 착각해 공격한다면 새의 입에는 날개만 한 움큼 남고 나비는 살아서 도망칠 가능성이 높다. 이 설명이 꽤나 논리적으로 들리겠지만 납득이 가지 않는 면이 있다. 첫째, 녹색부전나비는 대부분의 새가 먹이로 삼지 않을 정도로 몸집이 작다. 이렇게나 작은 나비의 뒤를 쫓아 잡으려는 새가 얼마나 될까? 두 번째로, 녹색부전나비 뒷날개에 있는 가짜 머리는 나비의 작은 몸통보다도 훨씬 작은데 새들이 그것을 노려 겨냥할 만큼 잘 알아볼 수나 있을까? 마지막으로, 나비는 새(혹은 포충망을 든 사람)가 쫓아오면 곧장 방향을 바꿔 해가 있는 쪽으로 날아감으로써 순간적으로 포식자의 눈을 멀게 하는 기술을 쓴다. 해가 있는 쪽으로 날아가는 방법은 의심할 여지없이 잘 먹혀드는 나비의 방어술이다. 그런데도 굳이 가짜 머리를 만들 필요가 있었을까?

2013년 안드레이 코르사코프는 녹색부전나비의 행동을 기록하며 이 궁금증을 해결하려 했다. 코르사코프는 녹색부전나비가 식물의 잎이나 꽃 위에 앉아서 쉴 때 우리 눈에 보이는 것처럼 미동도 하지 않는 건 아니라는 사실을 발견했다. 뒷날개에 붙어있는 가짜 더듬이가 진짜 더듬이처럼 계속해서 위아래로 움직이고 있었다. 그 움직임이 정말 미묘해서 새의 공격을 피하는 전략이라기엔 무리가 있고 그보다는 깡충거미과Salticidae 거미의 공격을 피하기에 완벽한 기술 같아 보였다. 깡충거미는 이름 그대로 깡충 뛰어서 사냥한다. 시력이 좋은 여덟 개의 눈으로 먹잇감을 포착하면 자신의 몸길이보다 50배 높이까지 뛰어올라 위에서부터 먹잇감을 덮치는데(정말 놀라운 점프력이다!) 그 높이가 대단해서 사냥감은 깡충거미가 근처에 있었는지조차 알 수 없다. 그리고 깡충거미 역시 새처럼 바로 먹잇감의 목을 노린다. 가끔은 제 덩치보다 몇 배나 큰 먹이도 사냥하기 때문에 빠르게 숨통을 끊어야 먹잇감을 놓치지 않기 때문이다. 코르사코프는 일련의 간단한 실험으로 녹색부전나비의 가짜 얼굴이 배고픈 깡충거미의 눈에 거부할 수 없는 먹잇감으로 보인다는 사실을 밝혀냈다. 실제로 깡충거미는 항상 녹색부전나비의

○ 붉은줄무늬까마귀부전나비. 뒷날개에 가짜 얼굴이 있다.

○ 애리조나주에서 관찰된 깡충거미. 깡충거미는 녹색부전나비 날개에 있는 가짜 얼굴에 잘 속는다.

날개 끝을 덮쳤고, 대부분의 경우 공격을 받은 녹색부전나비는 날개의 가짜 얼굴에만 상처를 입고 무사히 도망쳐 달아났다. 약간은 다치겠지만 목숨은 건질 수 있다! 초목에서 흔하게 살지만 눈에 잘 띄지 않는 깡충거미로부터 제 몸을 지켜낼 능력이 녹색부전나비에게는 중요했을 것이다.

참나무를 기주식물로 삼는 대부분의 녹색부전나비는 다른 곤충처럼 애벌레일 때 초록 이파리를 갉아 먹으며 성장한다. 하지만 붉은줄무늬까마귀부전나비 red-banded hairstreak 같은 몇몇 종은 다른 방식을 선택했는데, 살아있는 참나무 이파리를 먹는 대신 나무 밑에 떨어진 낙엽층 속에서 애벌레 시기를 보내며 죽은 낙엽을 갉아 먹는 것이다. 참나무는 잎을 떨어뜨리기 전 가능하면 많은 질소를 뿌리로 보내기에 낙엽에는 영양분이 거의 없다. 그런데도 어떤 진화적 이유로 이들이 낙엽을 먹이로 선택했을지는 추측만 할 뿐이다. 어쩌면 낙엽층에 사는 포식자의 숫자가 상대적으로 적어서일 수도 있지만 이를 실제로 관찰해 증명하기란 쉽지 않다. 그렇다고 낙엽 속에서 성장하는 인시류가 이 나비만은 아니다. 낙엽을 먹는 나방과 나비 애벌레는 미국에만 70종에 달하므로 아마도 이 독특한 식단에 우리가 아직 알지 못하는 무언가 타당한 이유가 있을 것이 분명하다.

참나무에 의지해 살아가는 모든 녹색부전나비 중에서 가장 독특한 것은 에드워드까마귀부전나비 Edwards' hairstreak 다. 겉보기엔 회색 뒷날개 여기저기에 여러 점선이 새겨진 모습이 다른 녹색부전나비와 비슷해 보인다. 실제로 자연에서 녹색부전나비를 보고 한눈에 종을 구분하기란 쉽지 않다. 애벌레도 굉장히 비슷하게 생겼는데 이 종의 경우에는 행동양식에서 확연한 차이가 있다. 에드워드까마귀부전나비는 나뭇가지에 붙은 알 상태로 겨울을 나며, 참나무 잎눈에서 이파리가 나오기 시작하고 얼마 지나지 않아 애벌레가 깨어난다. 애벌레는 참나무의 어린 이파리와 꽃을 갉아 먹으면서 자라는데, 성장하는 동안 발달시킨 분비샘에서 단백질의 핵심 단위체인 아미노산으로 이루어진 당을 분비한다. 이 물질은 개미를 끌어들이는 데 매우 효과적이다. 애벌레가 물질을 분비하면 개미가 찾아오고, 결과적으로 개미가 포식자와 포식기생자로부터 애벌레를 보호하게 되는 셈이다.

지금까지 살펴본 행동양식은 개미와 공생관계를 맺고 사는 수많은 부전나비와 비슷하다. 개미는 애벌레에게서 당과 아미노산을 얻는 대신 포식자가 접근하지 못하도록 막아준다. 그런데 여기에 덧붙여, 에드워드까마귀부전나비 애벌레는 3령 정도로 자라면(대략 절반쯤 자란 단계다) 다른 녹색부전나비는 하지 않는 행동을 한다. 이들은 새벽이 다가오면 참나무에서 내려와 개미가 그들을 보호하기 위해 낙엽으로 만들어둔 은신처로 향한다. 낮 동안에는 이곳에서 안전하게 휴식을 취하고 밤이 되면 다시 무리를 지어 기주식물인 참나무 위로 기어 올라가 이파리를 먹는다. 애벌레들이 대이동을 하는 동안 개미들은 옆에서 밀착 마크를 한다. 매일 참나무를 내려갔다가 되돌아오는 움직임은 애벌레가 완전히 자랄 때까지 반복된다. 그리고 어느 날, 애벌레는 번데기를 만들기 위해 마지막으로 나무에서 내려온다. 열흘이 지난 후 번데기에서 탈피한 어른벌레가 날개를 펴면서 안전한 은신처를 빠져나오면 나비로서의 새로운 삶이 시작된다.

July

7월

얼마 전 나는 매릴랜드주 동부 해안에 사는 사람에게서 메일을 한 통 받았다. 메일에는 참나무 가지에서 자라는 겨우살이 때문에 골치가 아프다는 얘기가 적혀 있었다. "이 침입종 때문에 우리집 마당에 있는 참나무가 죽을 것 같아요. 겨우살이를 뿌리 뽑으려면 어떻게 해야 하나요?"

나는 겨우살이의 지질학적 기원에 관한 정보부터 바로잡으며 답장을 써내려갔다. 겨우살이는 침입종이 아니라 늘 참나무 곁에서 묵묵히 제 일을 해온 토착종이다. 대개의 경우 겨우살이는 참나무에 별 영향을 주지 못하지만 겨우살이가 크게 자란 상태에서 극심한 가뭄이 장기간 이어지면 참나무가 시들거나 죽게 될 수도 있다. 반기생생물半寄生生物인 겨우살이는 말 그대로 참나무에 일부만 의존해 살아간다. 사용하는 에너지의 98퍼센트는 자신의 이파리로 광합성을 해서 얻고 나머지는 숙주식물인 참나무 가지에 뿌리를 뻗어 목질부의 수분을 빨아들이면서 성장한다. 캘리포니아에 서식하는 한 겨우살이에 대한 한 연구에 따르면, 이 겨우살이는 숙주인 참나무에 그 어떤 영향도 끼치지 않아 기생식물이라기보다는 착생식물*에 가깝다고 한다(Koeing 외 2018). 공중에서 덤불로 자라는 겨우살이도 일종의 착생식물인 것이다! 겨우살이는 가을에 꽃을 피우고 열매가 생겨 겨울이 끝날 즈음에야 완전히 무르익는다. 심지어 가끔은 겨울이 끝나갈 무렵 야생동물이 찾아 먹을 수 있는 유일한 열매이기도 하다. 특히 블루버드bluebird 같은 새에게는 말이다. 참나무에 겨우살이가 어느 정도 자란 것쯤은 크게 신경 쓰지 않아도 된다. 그 아래에서 애인과 키스를 하기 위해 엄청나게 크게 기를 것이 아니라면 말이다.**

참나무와 겨우살이

만약 여러분의 참나무에 겨우살이가 몇 그루 자라고 그 지역이 미국 남부의 여러 주 중 하나라면 의심할 여지없이 가장 거대하고 화려한 부전나비인 거대보라부전나비great purple hairstreak를 만날 행운이 따를지도 모른다. 수많은 인시류가 그런 것처럼 거대보라부전나비는 기주식물에 특화돼 있는데 그중에서도 겨우살이 이파리를 먹고 산다. 이 나비는 사실 파나마 정도의 남부 열대지역에서나 서식했지만 마지막 후빙기 동안 겨우살이 서식지가 이동하면서 함께 북쪽으로 이동했다. 서식하는 대부분 지역에서 해마다 세 세대가 태어나기 때문에 이 아름다운 나비를 볼 수 있는 기회는 넘쳐난다. 수컷은 보통 겨우살이를 찾아 헤매는 암컷을 낚아채기 위해 참나무 꼭대기에 숨어있다. 그러나 암컷과 수컷 모두 미역취, 미국산초나무, 알니폴리아매화오리나무, 미국자두나무의 꿀을 따먹는 것도 좋아해서 이 나무들을 찾으면 좀 더 쉽게 발견할 수 있다.

거대보라부전나비의 서식지 전역에 걸쳐 만날 수 있는 곤충이 또 하나 있다. 참나무 줄기와 나뭇가지를 수놓은 지의류地衣類***와 꼭 닮은 색과 무늬를 지닌 자그마한 나방, 얼룩밤나방beloved emarginea이다. 이 나방도 겨우살이를 먹고 살지만 그 이파리에서 애벌레를 찾기는 매우 힘들고, 어른벌레 역시 지의류 위에 앉아있을 때는 찾아내기 어렵다. 보호색이 얼마나 감쪽같은지, 찾다가 두 손 두 발 다 들게 될 것이다. 하지만 다행히 얼룩밤나방도 밤이 되면 불빛을 쫓아 날아온다. 그 날개가 정말 아름다워서 아무리 자주 마주쳐도 몇 번이고 사진을 찍을 수밖에 없다.

---

* 식물의 표면이나 노출된 바위면 같은 곳에 붙어 자라는 식물.

** 서양에서는 크리스마스날 겨우살이 아래에서 연인과 키스를 하는 문화가 있다.

*** 조류와 균류가 공생하는 복합 유기체로 보통 나무나 돌 등에 얼룩덜룩한 무늬처럼 붙어서 자란다.

△ 얼룩밤나방. 참나무를 얼룩덜룩 수놓은 지의류가 있는 곳에서 발견할 수 있다.

◁ 날개가 화려한 거대보라부전나비는
참나무 겨우살이를 먹고 산다.

◁ 거대보라부전나비 애벌레. 화려하게 생긴 어른벌레와
달리 겨우살이 이파리 색깔에 잘 녹아든다.

아름답고도 무서운 쐐기나방

가보고 싶은 장소나 해보고 싶은 일을 버킷리스트로 적어본 사람은 많을 것이다. 나도 그렇다. 내 버킷리스트는 조금 독특했는데 자연에서 가장 신기하거나 아름다운 생명체를 관찰해 사진으로 남기고 싶었다. 그 욕망으로 인해 버킷리스트가 꽤나 길어졌지만 대부분은 나중에 우리집 마당에서 볼 수 있었다. 어느 날 천천히 버킷리스트를 다시 확인해보니 가장 첫 줄에 유리민달팽이쐐기나방spun glass slug moth의 이름이 적혀 있었다. 이름은 그리 매력적이지 않지만 전 세계에 서식하는 애벌레 중 몇몇은 정말 멋지게 생겼고, 언젠가 인도 타지마할로 여행을 가게 된다면 그곳의 애벌레를 꼭 보고 싶다는 생각을 했었다.

이 나방도 나중에 우리집 참나무에서 몇 마리를 찾을 수 있었는데 이를 가장 먼저 발견한 이는 우리 연구실 학생인 브라이언 커팅이었다. 커팅은 우리집 마당에서 자신의 석사 학위를 위한 데이터를 모으던 중 참나무에 앉아있는 애벌레를 발견했다. 유리민달팽이쐐기나방이라는 이름은 바로 애벌레의 생김새에서 따온 것인데, 옅은 푸른빛이 도는 몸통에 정교하게 세공된 유리공예품 같은 구조물이 붙어있는 형태다. 몸 중앙에 늘어선 동그랗고 투명한 덩어리 같은 데서 수십 개의 가느다란 더듬이 같은 것이 뻗어 나와 정교하게 구부러져 있다. 마치 파란색 물이

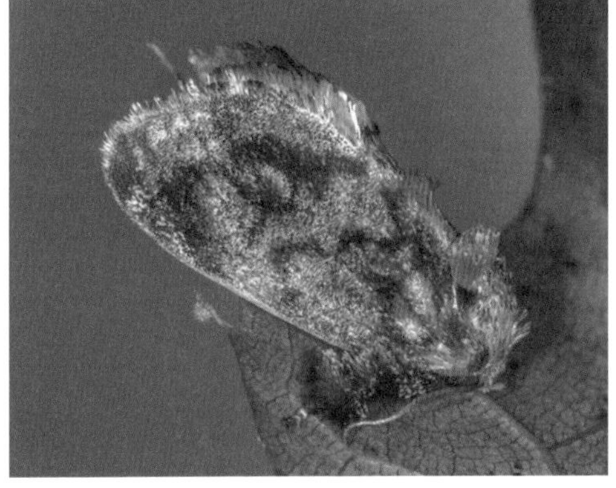

○ 유리민달팽이쐐기나방 애벌레(위)와 어른벌레. 애벌레는 정교하게 다듬어진 유리 공예품 같이 생겼다.

분출하는 듯한 이 분수 모양 구조물 때문에 애벌레 몸이 금방이라도 양 옆으로 흘러내릴 것처럼 느껴진다. 이 애벌레를 위에서 보면 머리는 안 보이고 다리도 매우 짧아서 다른 애벌레들처럼 나뭇잎 위를 조금씩 걸어 움직인다기보다 미끄러지듯 나아가는 느낌이 난다. 이것이 바로 민달팽이를 연상시키는 특징인데, 민달팽이와 달리 애벌레의 몸은 그리 매끈하지 않고 색깔도 눈에 띌 정도로 밝다.

커팅은 이 애벌레를 발견하자마자 유리병에 담아 내게 달려와 보여줬다. 나는 정말 날아갈듯 신이 나서 당장 카메라를 가져다 첫 사진을 남기려 했는데, 가능하면 자연스러운 환경에서 사진을 찍고 싶어 애벌레를 유리병에서 꺼내 참나무 이파리 위에 얹었다. 그때까지는 별 문제가 없어 보였다. 적어도 내 생각에는 말이다. 이제 연필로 톡, 조금만 건드리면 애벌레를 움직이게 할 수 있을 것 같았다. 톡, 톡… 그런데 으악! 내 연필이 가느다란 더듬이 같은 것을 건드리자마자 애벌레가 겉에 붙어있던 구조물을 모두 떨어뜨리고 완전히 다른 모습이 돼버렸다! 나의 첫 사진 작품은 망쳤지만 이 구조물의 역할은 확실히 알 수 있었다. 예컨데 개미 같은 포식자에 맞서 몸을 보호하는 도구다. 개미가 이 애벌레를 공격한다 해도 겉을 감싸고 있는 구조물밖에 얻지 못할 것이다. 게다가 공격을 받은 애벌레는 끔찍한 냄새를 풍겼는데, 아무리 호기심이 강한 개미라도 가까이 다가가기는 쉽지 않아 보였다. 안타깝게도 내가 건드린 애벌레는 완전히 자란 상태였지만 만약 그보다 덜 자란 애벌레가 강제로 구조물을 떨어뜨렸다면 다음 탈피 때 새 구조물을 만들 수 있었을 것이다.

우리집 참나무에서 만날 수 있는 쐐기나방과Limacodidae 곤충은 유리민달팽이쐐기나방 말고도 많다. 7월 초면 갈매기무늬민달팽이쐐기나방, 플란넬나방, 가시참나무민달팽이쐐기나방, 스키프쐐기나방, 노랑어깨민달팽이쐐기나방, 해그쐐기나방, 왕관민달팽이쐐기나방, 나손민달팽이쐐기나방, 작은쐐기나방, 보라돌기민달팽이쐐기나방, 말안장쐐기나방을 모두 볼 수 있다. 사실 북미에서 볼 수 있는 쐐기나방은 50종이 넘고 대부분 참나무를 기주식물로 삼는다. 이들은 애벌레와 어른벌레 모두 생김새가 놀라운데 한 가지 주의할 것이 있다. 쐐기나방 애벌레의 등에는 대부분 쐐기풀 같은 억센 털이 척추를 따라 늘어서듯 나 있고 그 밑에 독성물질을 담은 작은 주머니가 숨겨져 있다. 만약 여러분이 우연히 쐐기나방 애벌레를 보고 놀라서 손으로 으스러질 정도로 힘을 줘 애벌레를 뭉갠다면 독이 밖으로 새어 나와 마치 쐐기풀을 만졌을 때와 비슷한 고통을 느끼게 될 것이다. 말안장쐐기나방 애벌레는 내가 북미 지역에서 가장 많이 만난 종인데 손끝에 스쳤던 애벌레 중 가장 심각한 통증을 남겼다. 물론 가장 강력한 독을 지닌 플란넬나방은 건드릴 엄두조차 내지 않았다!

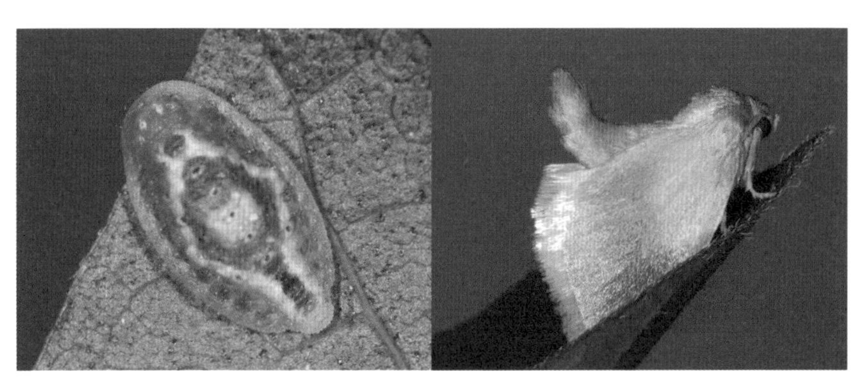

갈매기무늬민달팽이쐐기나방 애벌레와 어른벌레

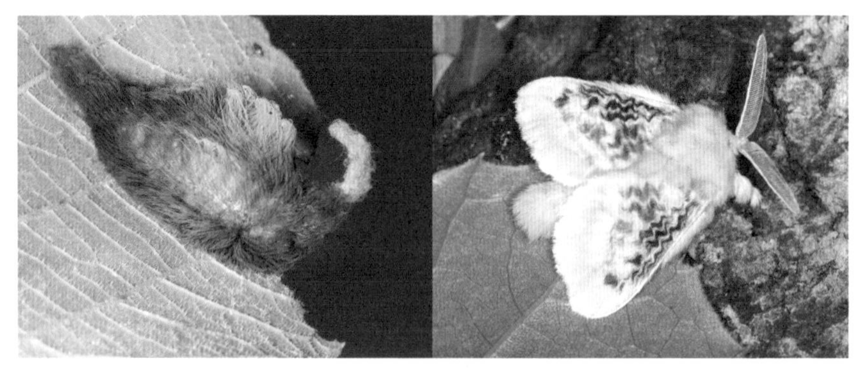

플란넬나방 애벌레와 어른벌레

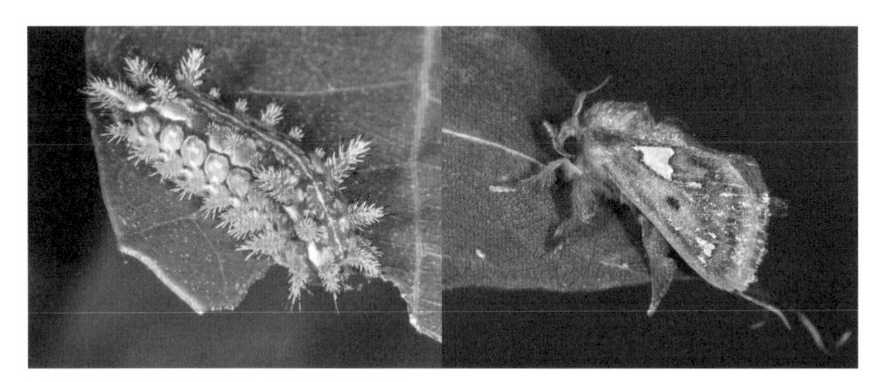

가시참나무민달팽이쐐기나방 애벌레와 어른벌레

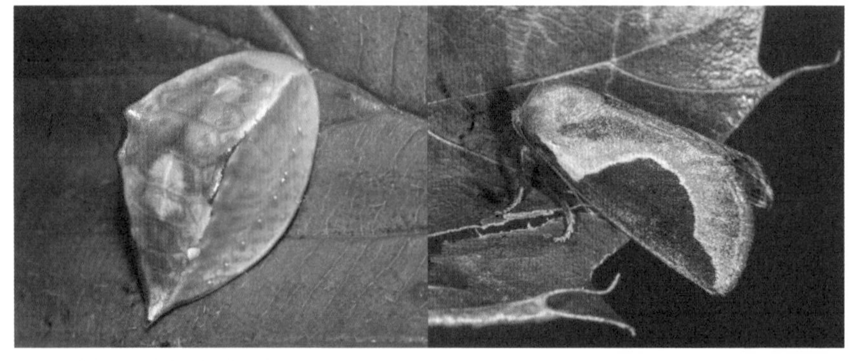

스키프쐐기나방 애벌레와 어른벌레

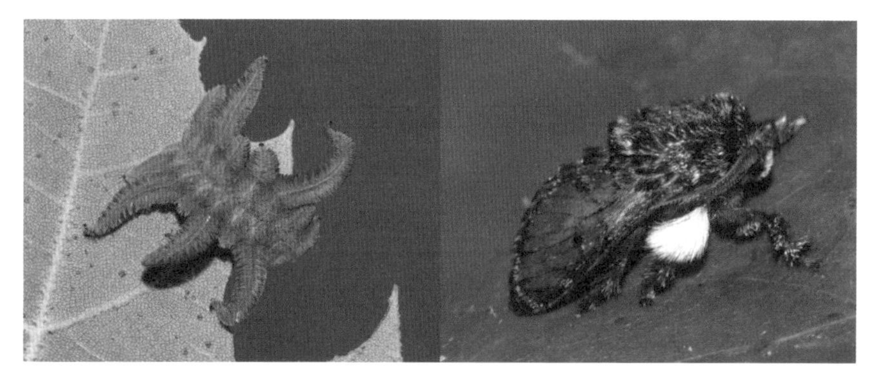
해그쐐기나방 애벌레와 어른벌레

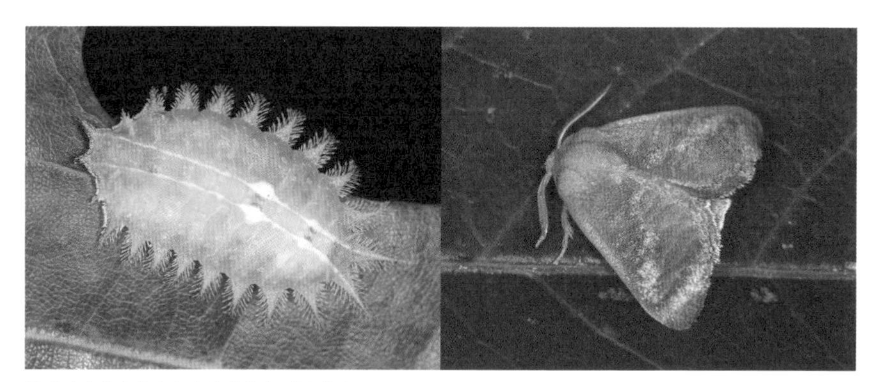
왕관민달팽이쐐기나방 애벌레와 어른벌레

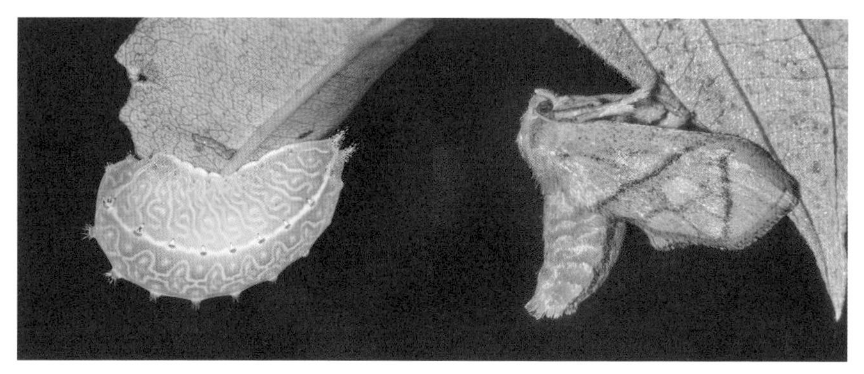
나손민달팽이쐐기나방 애벌레와 어른벌레

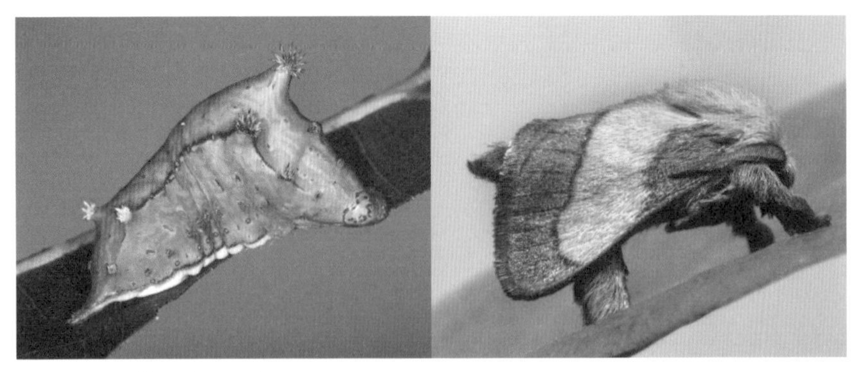

작은쐐기나방 애벌레와 어른벌레

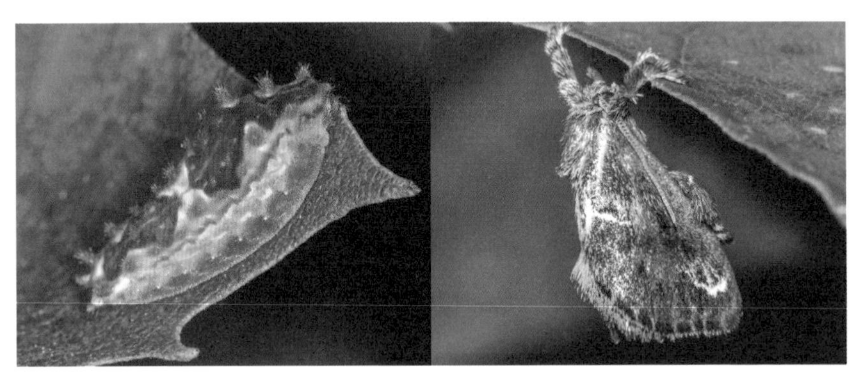

보라돌기민달팽이쐐기나방 애벌레와 어른벌레

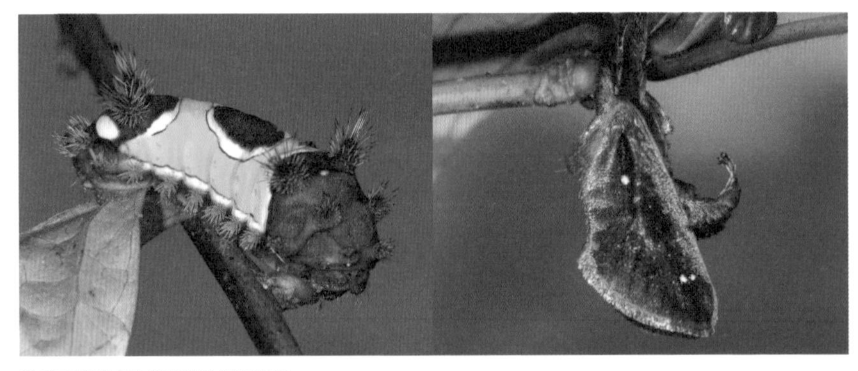

말안장쐐기나방 애벌레와 어른벌레

7월 중순이 되면 대부분의 새는 둥지를 이미 완성하고 새끼들의 식단을 곤충뿐 아니라 열매와 씨앗으로 넓힌다. 새들의 달라진 식단 덕분에 곤충 애벌레들은 개체수에 대한 압력을 덜 받아 7월 막바지부터 본격적으로 몸집을 키우기 시작한다. 7월 말은 미시시피 동부지역의 참나무에서 애벌레를 관찰하기에 최적의 시기일지 모른다. 서부의 경우 애벌레 개체수가 강수량에 따라 크게 달라지는 현상을 보이지만 말이다. 그리고 이 무렵, 그레이트플레인스 북부와 태평양 연안 북서부를 제외한 미국 전역에서 가장 흔하게 볼 수 있는 애벌레는 노랑목재주나방yellow-necked caterpillar이다.

여타 다른 재주나방들*처럼 노랑목재주나방은 알을 한 번에 한 장소에 모두 낳는다. 얼마 지나지 않아 작은 기생벌이 재주나방의 알 속에 자신의 알을 낳으러 오겠지만 대부분의 알에서는 재주나방 애벌레가 성공적으로 깨어난다. 노랑목재주나방 애벌레는 무리를 지어 먹이 활동을 한다. 애벌레 여러 마리가 모여 식사를 하는 습성은 시간이 지나면서 점점 더 질겨지는 참나무 잎을 갉아 먹을 때 유리한데, 노랑목재주나방 외에도 가시

---

* 원문에서는 재주나방과에 속한 datana속을 지칭함.

참나무산누에나방, 붉은혹산누에나방, 분홍줄무늬산누에나방, 주황줄무늬산누에나방, 붉은혹재주나방 등 많은 재주나방에게서 발견되는 특성이다. 한여름 질겨진 참나무 이파리는 애벌레 한 마리보다 백 마리가 함께 갉아 먹을 때 더 쉽게 분해된다. 여러 애벌레가 이파리 하나에 옹기종기 모여 마치 한 마리인 양 먹이 활동을 하는 방식은 참나무에게도 가지 한두 개 정도에만 피해를 집중시킨다는 점에서 유리하다.

▷ 노랑목재주나방 애벌레는 여럿이 무리를 지어 참나무 이파리를 갉아 먹는다.

그렇다고 7월에 참나무에서 만나는 모든 애벌레가 무리를 지어 먹이 활동을 하는 건 아니다. 예를 들어 웃는얼굴밤나방Laugher moth은 특정한 생태적 문제를 해결하기 위한 자연선택이 다양한 방식으로 나타날 수 있다는 것을 보여주는 좋은 예다. 노란색 얼굴 형태에 검은 무늬가 있어 마치 '웃는 사람'처럼 보이는 이 나방 애벌레는 머리가 유난이 크다. 그렇다고 다른 애벌레보다 더 똑똑한 것 같지는 않으며, 참나무를 기주식물로 삼는 수많은 애벌레처럼 이파리 외부에 피난처를 만들어 낮 동안 새의 눈을 피할 정도는 된다. 웃는얼굴밤나방의 머리는 집에 비해서도 상대적으로 크고, 아래턱 근육은 혼자서도 뻣뻣한 참나무 이파리를 섭취할 수 있을 만큼 강력하다. 이들이 참나무 이파리를 벗겨내 피난처를 만드는 모습은 콜로라도와 뉴멕시코주부터 대서양 연안

▷ 웃는얼굴밤나방은 튼튼한 아래턱으로 혼자서도 뻣뻣한 참나무 이파리를 잘 먹어치운다.

동부에서 관찰할 수 있는데, 실제로 목격한다면 애벌레가 등을 굽혀 여러분에게 환하게 미소를 짓는 것 같은 독특한 모습에 반하게 될지도 모른다.

참나무 잎의 윗면을 갉아 먹는 애벌레들은 사실은 잎맥 사이의 실질세포*를 먹어치우는 것이다. 애벌레가 갉아 먹고 난 후에는 잎의 골격만 남기 때문에 이렇게 먹는 방식을 '골격화'라고 한다. 식물 이파리의 윗면은 늘 위험한 상태로 노출돼 있어 애벌레는 이파리의 다른 부분에 실로 자신의 몸을 단단히 고정해 피난처를 만들어둔다. 이런 행동을 하는 애벌레 중 가장 멋진 종은 노랑조끼큰원뿔나방yellow-vested moth일 것이다. 마치 노란색 조끼를 입은 집사 같이 멋진 무늬를 자랑하는 애벌레에게 이름이 썩 잘 어울린다. 7월 중순에 참나무가 자라는 곳이라면 오자크 호수 동부부터 버몬트주 북부까지 어디서든 이 애벌레를 볼 수 있다.

여름의 끝에 만나는 여치과 곤충

옛날 옛적에 잘생긴 소년과 사랑에 빠진 소녀 캐티가 있었다. 하지만 안타깝게도 소년은 소녀의 마음을 알아차리지 못하고 다른 사람과 결혼했다. 얼마 지나지 않아 소년과 젊은 신부가 독살된 채 침대에서 발견되는데…… 과연 누가 이런 일을 벌

○ 노랑조끼큰원뿔나방. 참나무 이파리를 골격만 남기고 갉아 먹는 애벌레 중 하나다.

였을까? 정확히 밝혀지진 않았지만 누군가는 그날 밤, 나무에서 이를 지켜본 곤충이 매년 여름이면 그 비밀을 알리기 위해 이렇게 노래한다고 말한다.

"캐티가 그랬어, 캐티가 그랬어!(Katy did, Katy did**)"

전해 내려오는 이야기에 따르면 말이다.

---

* 장기나 조직을 구성하고 있는 세포.

** 여치의 영어 이름은 'katydid'인데 중간을 띄어 읽으면 'katy did'가 된다.

앞에서도 말했지만, 나는 네 살부터 20대 초반까지 가족과 함께 뉴저지 북부에서 매년 여름 캠핑을 했던 행운아다. 해마다 여름이면 찾아오는 중요한 이벤트였던 가족 캠핑은 밤이면 다양한 종류의 여치과Tettigonidae 곤충이 합창을 시작하는 7월 중순에 정점을 맞았다. 거대한 메뚜기처럼 생긴 곤충들은 우리에게 여름이 거의 끝나감을 알려줄 뿐 아니라 매일 밤의 대략적인 시간도 짐작케 했다. 우리 텐트 위로 가지를 드리운 참나무에 사는 여치들은 자정이 오기 직전에 가장 시끄럽게 울고 소리가 점점 작아지다가 새벽 4시경에 완전히 조용해졌다. 수백 마리의 거대한 여치 무리가 내는 '캐티딧 캐티딧' 소리는 내겐 마음을 안정시키는 백색소음처럼 느껴져 지금도 여름을 더 기대하게 하는 요소다. 어쩌면 그 편안함은 이들이 내 삶에서 가장 빠른 변화가 일어났던 시기로 나를 데려가주기 때문인지도 모른다.

여치과에 속한 곤충은 더듬이가 유난히 길고 섬세하다. 북미에는 그 종류가 262종이나 되며 그중 42종이 참나무를 비롯한 여러 낙엽성 나무의 이파리에서 일생을 보낸다. 이들의 노랫소리는 수컷이 신체 일부를 서로 비벼 마찰음을 내는 것이다. 여치의 한쪽 뒷날개 앞부분에 긁는 부위가 있고 다른 날개의 같은 위치에 긁히는 부위가 있다. 전자의 날개를 살짝 들어 올려 앞뒤로 빠르게 비비면 소리가 나는데, 종마다 다른 소리가 깜짝 놀랄 만큼 크게 난다. 왜 그렇게 소리가 크냐면, 오래 전부터 암컷들이 소리를 크게 내는 수컷을 선호했기 때문이다. 암컷의 선택은 진화적으로 근거가 있다. 수컷의 노랫소리는 곧 몸 크기와 관련이 있으며 그것이 진짜 암컷이 원하는 바다. 덩치가 큰 수컷은 더 좋은 유전자를 지녔을 가능성이 높고, 그렇다면 정자에 더 풍부한 영양분을 담아 암컷에게 전달할 것이기 때문이다 (Gwynne 2001).

대부분의 동물이 그렇듯 여치 암컷은 짝을 고를 때 까다롭게 군다. 암컷은 가능하면 자손에게 양질의 유전자를 물려주고 싶어 하고, 성숙한 수컷과 짝짓기를 할수록 목표를 이룰 가능성이 높기 때문이다. 여기서 암컷에게 숙제가 생긴다. 어떻게 하면 좋은 유전자를 지닌 수컷과 그렇지 못한 수컷을 구분할 수 있을까? 이를 해결하는 데도 자연선택이 큰 역할을 했다. 여치 암컷은 유전자를 직접 판단하기보다 가능성 있는 구혼자에게 결혼 선물을 요구하고 그 선물의 질로 짝을 고르는 방향으로 진화했다. 양질의 유전자를 지닌 수컷만이 양질의 선물을 줄 수 있다. 프러포즈로 다이아몬드 반지를 기대하는 사람이라면 여치의 이런 접근법에 흥미를 느낄 법하다. 그렇다면 여치 암컷에게 좋은 선물이란 무엇일까? 단백질로 가득 찬 음식을 포장한 커다란 선물? 이런 선물은 암컷에게 세 가지 이점이 있다. 첫째, 한눈에 파악할 수 있다(크기가 큰 선물은 작은 선물보다 긍정적인 신호다). 둘째,

선물의 크기는 정확히 수컷의 능력을 상징한다(좋은 유전자를 지닌 수컷은 그렇지 않은 수컷보다 훨씬 큰 선물을 가져다줄 것이다). 마지막으로 결혼선물에 담긴 영양분은 암컷이 낳을 알에 그대로 전달될 테니 번식에도 유용하다.

모든 일이 진행되는 과정은 이렇다. 수컷은 참나무 꼭대기에서 노래를 부른다. 암컷은 사람의 귀와 같은 기관, 즉 입을 가로질러 팽팽하게 뻗어있는 막의 구멍으로 공기의 진동을 감지해 그 소리를 듣는다. 사람의 귀와 다른 점도 있는데, 여치의 귀는 머리가 아니라 한 쌍의 다리 정강이 부분에 달려있다. 보통은 수컷 여러 마리가 한꺼번에 노래를 부르면 감각이 예민한 암컷이 그중에서 마음에 드는 수컷을 골라낸다. 암컷은 언제나 가장 큰 소리를 내는 수컷에게로 향한다. 이렇게 짝이 지어지면 수컷은 암컷의 생식기 안으로 정포낭*을 집어넣어 수정을 시도한다.

정포낭은 수컷의 정자를 담은 작은 주머니와 그밖에 다양한 영양분이 담긴 스퍼마토플락스spermatophylax, 두 부분으로 구성돼 있다. 수컷이 암컷의 생식기에 정포낭을 집어넣은 직후부터 각 부분이 제 일을 시작한다. 정자 주머니는 정자를 암컷의 몸속으로 보내기 위해 팽창과 수축을 반복하는데 이를 완전히 마치기

* 정자를 담은 주머니로, 외부 생식기가 발달하지 않은 동물에게서 관찰할 수 있다.

여치 암컷은 수컷에게서 정포낭을 받자마자 그것을 먹어치우기 시작한다. 정포낭이 충분히 크다면 암컷이 완전히 먹어치우기 전에 정자가 이동할 시간을 벌 수 있다.

까지 20분 정도 걸린다. 그와 동시에 암컷은 고개를 숙여 영양분이 가득한 스퍼마토플락스를 먹기 시작한다. 이제 남은 건 시간싸움이다. 만약 스퍼마토플락스가 작다면 암컷은 정자가 몸속으로 다 들어가기 전에 그것을 담고 있는 주머니까지 먹어치울 것이다. 만약 수컷이 스퍼마토플락스를 크게 만들었다면 암컷이 그것을 먹는 동안 정자가 모두 암컷의 몸에 들어갈 수 있다.

어렸을 때 내게 자장가를 들려준 친구이자 지금도 흔하게 볼 수 있는 여치과 곤충 중에 북아메리카나뭇잎베짱이common true katydid가 있다. 북미 동부의 숲이 울창한 지역에서 서식하는 종인데 주로 나무 꼭대기에서 생활하지만 생활사의 마지막 단계를 치를 가을이 오면 스스로 땅으로 떨어진다(북아메리카나뭇잎베짱이는 날지 못한다!). 이들은 일생을 배고픈 새들의 시야 안에서 보내야 하기에 나뭇잎과 비슷한 색을 띠어야 한다는 선택압을 강하게 받았고, 심지어 몇몇의 날개에는 식물의 잎맥, 주맥과 똑같은 무늬가 있다. 이런 절묘한 보호색은 열대지역에 서식하는 여치에게서 더 쉽게 찾아볼 수 있다. 원한다면 지의류, 시든 이파리 끝자락, 초식성 애벌레, 혹은 이 세 가지를 모두 흉내 낸 무늬가 있는 여치를 만날 수도 있을 것이다. 그에 비하면 북미에 사는 여치의 무늬는 온건한 편이지만 그래도 아무런 무늬가 없는 곤충들에 비하면 인상적이다.

도토리의 크기와 모양이 알려주는 것

7월 말은 참나무 꽃의 일부였던 수정된 배젖*이 폭발적으로 성장하는 시기로, 나뭇가지에서 작고 덜 익은 도토리가 익어가는 모습을 누구나 쉽게 발견할 수 있다. 도토리는 '모자'(깍정이

* 씨앗이 싹트는 데 필요한 양분을 저장하고 있는 조직.

라고도 부른다) 부분이 먼저 발달하고 시간이 흐르면서 그 아랫부분이 익어간다. 각각의 도토리에 얼마나 많은 에너지가 공급되는지에 따라 최종 크기가 결정될 것이다. 도토리의 크기와 모양은 참나무속*Quercus* 나무에서 가장 다양한 형태로 나타나는 특징이기도 하다.

그렇다고 도토리의 크기와 모양이 무작위로 결정되는 건 아니며 다양한 환경과 유전적 요인에 영향을 받는다. 먼저 크기부터 살펴보자. 도토리의 크기에 영향을 줄 수 있는 주요 요인 중 한 가지는 참나무가 자라는 환경의 건조한 정도다. 건조한 곳에서 자라는 참나무일수록 도토리가 작다. 상대적으로 습도가 높은 환경에서 자라는 참나무는 주변의 수분을 끌어당겨 도토리의 크기를 더 키울 수 있다. 작은 도토리는 비교적 북위도에 서식하는 참나무의 특징이기도 한데, 더 따뜻한 남쪽에 비해 성장기가 짧아 도토리를 크게 만들 수 없기 때문이다. 그리고 도토리의 크기는 참나무가 열매(도토리)를 퍼뜨리는 방법에도 영향을 준다. 작은 도토리는 어치를 비롯한 여러 새가 물어다 쉽게 퍼트릴 수 있을 뿐만 아니라 그 안에 품고 있는 양분이 적어 어디에나 흔한 도토리밤바구미의 공격을 피할 수 있다. 또한 참나무가 자랄 때 다른 식물과의 경쟁이 얼마나 치열했는지에 따라서도 도토리 크기가 달라질 수 있다.

커다란 도토리는 그 안에 더 많은 에너지를 품고 있어 싹을 틔울 때 가장 먼저 내리는 원뿌리를 굵게 만든다. 이 뿌리가 굵으면 굵을수록 빠르게 땅 속을 파고들어 주변에 얕게 뿌리 내린 경쟁자들을 피해 멀리 지하수까지도 뻗어나갈 수 있다. 미국 중서부의 참나무 사바나* 지대에서 많이 볼 수 있는 마크로카르파참나무bur oak는 도토리가 유난히 크기로 유명한데, 여러 초목이 밀도 높게 자라는 이런 곳에서는 작은 도토리들이 경쟁에 밀려 제대로 뿌리 내리지 못하기 때문인지도 모른다.

도토리의 모양은 크기만큼 다양하지 않다. 대부분이 동그란 구 모양이거나 미식축구공 같은 방추형, 둘 중 하나다. 그리고 이 모양은 자연에서 주로 누가 도토리를 퍼트리는지(포유류냐 새냐) 그리고 도토리가 땅위를 굴러다니는지 아니면 물에 떠서 이동하는지 등에 영향을 준다. 예를 들어 루브라참나무에 열리는 동그란 도토리는 다람쥐, 사슴, 청설모 같은 포유류의 선택을 받을 확률이 높은 반면, 미 남부에서 자라는 상록수종인 버지니아참나무live oak의 방추형 도토리는 새가 부리로 옮기기에 적합한 형태다. 이처럼 참나무에 열린 도토리의 크기와 모양은 그 지역의 기후와 그 나무가 어떤 동물과 관계를 맺고 진화해 왔는지를 알게 한다.

참나무는 종마다도 열매가 조금씩 다르게

▷ 도토리 크기 비교. 가장 큰 마크로카르파참나무(위)부터 가장 작은 달링턴참나무(아래)까지 차이가 매우 크다. 중간에 있는 것은 루브라참나무 도토리다.

* 초원 생태계의 한 종류. 미국에서는 캘리포니아 같은 지중해성 기후를 보이는 지역에서 발견된다.

생겼지만 크게는 붉은 계열 참나무red oak와 화이트 계열 참나무white oak의 차이가 있다. 대표적인 예로 루브라참나무와 갈참나무를 비교하면 알 수 있는데, 두 계열의 나무는 도토리가 완전히 익기까지 걸리는 시간이 서로 다르다. 갈참나무는 한 해의 특정한 시기(5~9월)에 도토리가 다 익지만 루브라참나무는 18개월이나 걸린다. 이 차이는 두 나무가 거의 같은 해에 번식을 마치지 못한다는 사실, 그래서 뜻밖에도 서로 다른 시기에 번갈아 야생동물에게 만찬을 제공하게 될 것이라는 사정을 들려준다.

August

8월

여름이면 미국 전역에 뇌우가 휘몰아친다. 특히 7~8월에 동부에서는 한두 시간 만에 수 센티미터의 강수량을 퍼붓는 폭우가 흔하게 찾아오는 연례행사가 됐다. 7월 말과 8월 초 우기가 정점을 찍는 시기에는 남서부 사막에서도 마찬가지 일이 벌어진다. 강력한 폭우는 자연생태계에 순간적으로 파괴적인 영향을 줄 수 있는데, 물이 지표에 떨어지는 속도가 너무 빠르면 땅속으로 채 흡수되기도 전에 흙과 함께 쓸려 내려가버리기 때문이다. 상층부에 비를 막아줄 무엇도 없는 상태에서 지표 위로 폭우가 쏟아지면 세찬 압력에 토양다짐*이 일어나기도 한다. 이럴 때 빗방울이 땅에 닿기 전에 부딪혀 에너지를 분산시킬 무언가, 혹은 거대한 폭풍우가 쏟아내는 물의 양을 흡수할 무언가가 자연에 있다면 그 자체로 귀중한 생태계 서비스ecosystem service(우리 삶에 다방면으로 혜택을 주는 생태계의 기능)다. 그리고 참나무는 이 두 가지 역할을 아주 잘 수행한다.

---

* 흙이 압축되면서 그 안의 빈 공간이 줄어드는 현상.

앞에서 참나무가 수많은 생명체와 생물학적 관계를 맺고 있다는 사실을 수 차례 언급했지만, 주변에 참나무를 심음으로써 얻을 수 있는 비생물학적 이점에 대해서도 언급하고 넘어가야겠다. 심지어 이는 생태계 전체의 건강에 더 많은 영향을 미친다.

건강한 생태계는 사람뿐만 아니라 주변의 다른 생명들도 다 함께 잘 살게 하는 중요한 서비스를 제공한다. 생태계가 건강할 때 얻을 수 있는 유익한 결과물로는 꽃가루의 수분, 수질 정화, 기후 조절, 생물다양성 유지, 대기오염 조절, 그리고 산소, 식량, 섬유, 목재 등의 생산을 꼽을 수 있다. 참나무도 이런 다양한 서비스를 제공하는데 그중에 쉽게 간과되는 것이 유역 관리다.

비가 내리면 빗물은 자연스레 바다까지 거부할 수 없는 여정을 떠난다. 그 속도가 너무 빠르면 표토와 오염물을 강과 개울까지 쓸고 간다. 만약 빗물이 흘러가면서 다양한 식생에 부딪혀 그 속도를 늦출 수 있다면, 많은 물이 강으로 빠르게 유입되는 대신 땅에 스며들 것이다. 땅속으로 스며든 빗물은 지하수를 보충할 뿐 아니라 질소, 인, 중금속 등 오염물질을 제거하는 역할을 한다. 게다가 빗물의 일부가 지하수로 유입돼 흐르면 일부 생물군을 망가뜨릴 수도 있는 폭풍우의 파괴력이 완화된다. 참나무는 그 어떤 나무보다도 광활한 이파리 표면과 거대한 뿌리체계를 갖고 있으며, 이를 활용해 구름에서 응결돼 땅으로 떨어지는 빗물의 속도를 방해한다. 참나무의 무성한 이파리에 닿은 빗물 대부분(매년 최대 1만1000리터)은 땅에 떨어지기도 전에 증발한다(Controne 2014). 그 진행 과정을 훑어보면 참나무를 심는 건 지하수량을 관리하기 위해 우리가 할 수 있는 최선의 방법이라는 것을 알 수 있다.

우리가 매일 참나무로부터 얻는 생태계 서비스 중 오늘날 가장 중요하게 여겨지는 것은 아마 탄소 격리일 것이다. 다른 식물들처럼 참나무는 광합성을 통해 대기 중 이산화탄소(CO_2)를 흡수해 조직 안에 탄소를 고정한다. 사실 식물을 건조시키면 그 무게(그러니까 조직에서 모든 수분이 제거된 후의 무게)의 절반 정도는 탄소다. 일반적으로 참나무는 무수히 많은 탄소로 이루어져 있다. 식물 세포가 더 밀도 높게 축적될수록 탄소의 양도 많아지기 때문에 참나무가 북미에서 생산되는 단단한 목재의 대부분을 차지한다는 사실은 놀랍지도 않다. 게다가 참나무는 땅속에서의 탄소 격리 효과가 아주 크다는 점에 주목해야 한다. 참나무의 뿌리체계는 지표 위 조직만큼이나 무수히 많은 탄소로 이루어져 있다. 무엇보다 참나무를 기후변화에 맞설 궁극의 도구로 손꼽는 이유가 바로 근균根菌*에 있는데, 참나무 근균은 나

* 식물 뿌리와 균류가 공생하는 것.

무의 생활사 전반에 걸쳐 뿌리 주변의 흙에 탄소가 풍부한 글로말린glomalin을 침전시킨다. 참나무 근균이 만들어낸 글로말린 속 탄소는 대기온도에 영향을 미치지 않고 수백 년, 아니 수천 년 동안 흙에 남아있을 수 있다. 바로 이것이 대기 중 탄소 농도를 떨어뜨리고 전 세계 온대지역에 탄소를 안전하게 보관할 수 있는 가장 좋은 방법으로 참나무를 꼽는 이유다.

나무를 활용해 대기 중 이산화탄소를 제거하려는 사람들 사이에 널리 퍼진 오해가 하나 있다. 바로 성장 속도가 빠른 나무가 그렇지 않은 나무보다 훨씬 더 많은 탄소를 격리한다는 생각이다(Korner 2017). 단순하게 생각하면 이는 사실이다. 하지만 만약 지구온난화에 유의미한 영향을 줄 수 있을 정도로 많은 양의 이산화탄소를 제거하는 게 목표라면 그 탄소를 얼마나 오랫동안 제거할 수 있는지가 중요한 논점이 돼야 한다. 나무가 죽은 후 수십 년이 지나면 탄소는 다시 대기 중에 방출된다. 따라서 탄소 격리를 위해 성장 속도는 빠르지만 수명이 짧은 미루나무나 소나무 같은 나무를 많이 심는 것은 그저 다음 세대에게 짐을 떠넘기는 일일 뿐이다. 그보다는 몸속에 가능하면 많은 탄소를 저장하고 수백 년에 걸쳐 조금씩 안정적으로 내놓는 수종을 심는 게 더 이상적이며, 그 대표적인 예가 크고 수명도 긴데다 어디서나 밀도 높게 자라는 참나무다. 간단히 말하면, 여러분이 앞으로 주변에 심고 양육할 참나무는 빠르게 악화돼 가는 지구의 기후문제를 완화하는 데 거의 모든 식물보다 큰 도움이 된다.

참나무가 제공하는 최종적인 생태계 서비스는 나무가 자라는 지역의 지엽적 기후를 호전시켜 일 년 내내 다양한 생명체가 편안하게 살아가고 에너지 경제적으로도 더 나은 방향으로 나아가게 한다는 데 있다. 이는 매우 중요하다. 참나무는 과도하게 불어오는 바람을 막아주고, 여름에는 그늘을 만들어주고, 겨울이면 집을 따뜻하게 해준다. 주변에 참나무를 몇 그루만 더 심어도 맹렬한 폭염이 찾아왔을 때 열섬효과*를 완화시킬 수 있다.

참나무가 생물학적 측면과 비생물학적 측면에서 인근 생태계에 기여하는 바는 나무의 나이와 크기에 비례한다. 햇빛과 물이 이상적으로 제공되는 조건에서라면 대부분의 참나무는 뿌리가 도로나 하수도, 주택의 기반 구조물, 오수 정화조 같은 것에 가로막히지 않은 이상 족히 천 년은 살 수 있다. 어떤 연구진은 사우스캐롤라이나주의 찰스턴에 있는 유명한 엔젤 참나무Angel Oak**의 나이가 1500살은 넘었을 것이라 추측하기도 한다. 건강한 참나무는 보통 300년 동안 성장기를 거치고 이후 300년 동

* 인구와 건물이 밀집된 지역의 온도가 다른 지역보다 더 높게 나타나는 현상.

** 수종은 버지니아참나무로, 찰스턴 남쪽 존스섬에 이 오래된 나무를 기념하는 공원이 조성돼 있다.

뉴욕 베드퍼드 지역에서 자라는 유명한 '베드퍼드 참나무'의 나이는 500살이 넘었지만 연구진의 추측에 따르면 이 정도는 중년기에 불과하다.

안은 새로운 성장과 자연낙지*가 반복되는 중간 상태를 유지하다가 그 다음 300년 동안 서서히 성장이 둔화된다. 이 900년 동안 웅장한 참나무 한 그루는 주변 생물들에게 어마어마한 생태계 서비스를 제공한다. 나이가 들어가면서 참나무는 내부의 목질 조직이 점점 사라지고 그로 인해 나무줄기 속에 커다란 빈

* 자연적인 이유로 나뭇가지가 고사해서 탈락하는 현상.

공간이 생기는데 이 공간은 희귀한 곰팡이부터 너구리, 주머니쥐, 다람쥐, 박쥐, 붉은스라소니, 심지어 흑곰까지 셀 수 없을 정도로 많은 생명체에게 보금자리를 제공한다. 나무의 몸통 속이 부패해 빈 공간이 생기면 사람들은 이제 나무를 베어버릴 때가 됐다고 생각하지만 실제로는 그렇지 않다! 이렇게 서서히 진행되는 '부패'는 참나무 껍질 바로 밑에서 살아 움직이는 형성층이나 나무줄기의 지지 능력에는 아무런 영향도 주지 않는다. 속이 비어가는 몸통은 그저 참나무 고목이 지닌 특징 중 하나로 우리 조경에 귀중한 생태적 가치를 더할 뿐이다.

참나무 보호막을 뚫어라

참나무 이파리는 7월에서 8월로 넘어가는 시기에 가장 뻣뻣해지고 이를 뚫는 것이 이파리를 먹는 곤충에게는 엄청난 고비다. 리그닌이 가득한 이파리 바깥층은 8월이면 완전히 뻣뻣해진다. 강력한 아래턱이 있는 애벌레라면 5, 6, 7월보다는 많이 느려져도 여전히 이파리를 갉아 먹을 수 있지만 대부분의 작은 애벌레에게는 무척 힘겨운 일이다. 그런데 곤충을 관찰하는 많은 사람에게 이 말이 아이러니하게 들릴지도 모르겠다. 사실 8월은 참나무에서 아주 작은 애벌레들이 성장하는 시기이기 때문이다. 도대체 이들은 어떻게 참나무 잎을 먹을 수 있을까? 정답은 이파리의 보호막을 뚫는 방법을 찾았기 때문이다.

참나무 잎을 반으로 자르면 단면이 샌드위치처럼 생겼다. 샌드위치의 빵과 같은 역할을 하는 이파리의 위아래 표피층이 그 중간에 낀 맛있는 부분, 즉 부드럽고 영양분으로 가득한 실질세포의 책상조직*과 폭신폭신한 잎살을 보호하고 있다. 그리고 바로 이 부분이 참나무 이파리를 먹고 사는 모든 동물이 원하는 먹이다. 작은 애벌레들은 과연 어떻게 빳빳한 표피층을 뚫고 야들야들한 속살을 먹을 수 있을까? 이 딜레마를 가장 잘 해결한 것은 굴파리과Agromyzidae 애벌레다. 이들은 참나무 이파리의 윗면과 아랫면 표피층 사이로 파고들어 마치 두 층의 사암 사이에 낀 석탄층만 골라 파내듯이 야들야들한 조직을 먹어치운다. 하지만 인생이 대개 그렇듯, 이파리의 속만 채굴하듯 파먹기 위해서는 균형을 잘 잡아야 한다. 무엇보다 이파리 내부로 파고들기 위해서는 애벌레의 몸이 정말 작아야 한다!

나뭇잎에 굴을 파는 특성이 있는 굴파리과 곤충은 대부분 초본식물을 먹고 단 몇 종만이 참나무를 기주식물로 삼는다. 그중 하나가 참나무구멍굴파리oak shothole leaf miner인데, 이름에서도 알 수 있듯이 이 애벌레는 이파리 내부에 둥근 형태의 굴을 판다. 이들이 판 굴은 그 옆 어느 쪽에든 동그란 구멍이 하나 더

* 잎살을 이루는 조직 중 하나로 길쭉한 세포가 세로로 빽빽하게 들어차 있다.

있어 다른 굴파리의 것과 구별된다. 그 구멍은 애벌레가 아니라 암컷이 알을 낳을 때 뚫었던 것으로, 참나무구멍굴파리 암컷은 참나무 이파리가 다 자라기 전에 산란관을 찔러 넣고 알을 낳으며 그 안에서 흘러나오는 진액을 먹는 습성이 있다. 나중에 이파리가 자라면 구멍도 같이 커져 애벌레가 만든 굴과 함께 대칭적인 형태로 보이는 것이다.

한편, 사람들이 참나무에 사는 굴파리로 착각하는 대부분의 애벌레는 이파리에 구불구불한 굴을 만드는 작은 나방일지도 모른다. 이들 애벌레가 이파리 속을 지나간 흔적, 즉 얇고 구불구불한 뱀 같이 생긴 굴의 형태는 애벌레가 자라면서 폭이 점점 넓어진다. 여러분도 상상할 수 있듯이 이 애벌레들은 매우 작고 납작해서 별다른 어려움 없이 참나무 이파리의 표피층 사이로 파고들어 부드러운 조직을 갉아 먹는다. 나중에 이 굴에서 모습을 드러낼 어른벌레도 몸이 아주 작을 수밖에 없는데, 그럼에도 대부분 눈에 띄게 우아한 날개를 달고 있다. 대표적인 종으로 참나무이파리가는나방solitary oak leaf miner과 군집참나무가는나방gregarious oak leaf miner이 있고, 두 종 모두 전체적으로 주황빛이 도는 몸통에 날개에는 흰색과 검은색 줄무늬가 세 개씩 번갈아 나 있다. 영어 이름에서 알 수 있듯 참나무이파리가는나방은 이파리마다 하나의 굴을 파고, 군집참나무가는나방은 이파리 하나에 여러 개의 굴을 판다. 하지만 굴이 매우 작은 데다 개수도 많지 않아서 참나무가 이들로 인해 크게 고통 받을 일은 없다.

앞에 소개한 나방들보다는 몸이 크지만 참나무에서 흔히 볼 수 있는 다른 애벌레들보다는 작은 주황머리원뿔나방stunning orange-headed epicallima은 이파리 윗면의 표피를 뚫고 부드러운 잎살까지 들어갈 수 있지만 뒷면을 뚫고 나오지는 못한다. 이 애벌레는 꽁무니에서 뽑은 실을 이파리 한쪽 끝에 붙이고 팽팽히 잡아당겨서는 이파리 전체를 동그랗게 말아 자기만의 비밀 밥상을 만든다. 그와 비슷하게 돌돌 만 이파리 안에 몸을 숨긴 채 먹이 활동을 하는 일명 '잎말이나방'들도 있는데 흰줄잎말이나방white-lined leafroller과 노랑날개잎말이나방 yellow-winged oak leafroller을 참나무에서 가장 많이 볼 수 있다. 그밖에 참나무 이파리로 또 다른 형태의 구조물을 만드는 금줄큰원뿔나방 gold-striped leaftier도 있다. 이 애벌레는 다른 잎말이나방들처럼 이파리 하나의 가장자리를 말아 집을 만드는 게 아니라 참나무 이파리 두 개를 겹쳐 실로 단단히 고정시켜서는 피난처로 사용한다. 앞서 7월에 만났던 노랑조끼큰원뿔나방도 같은 방법을 쓴다.

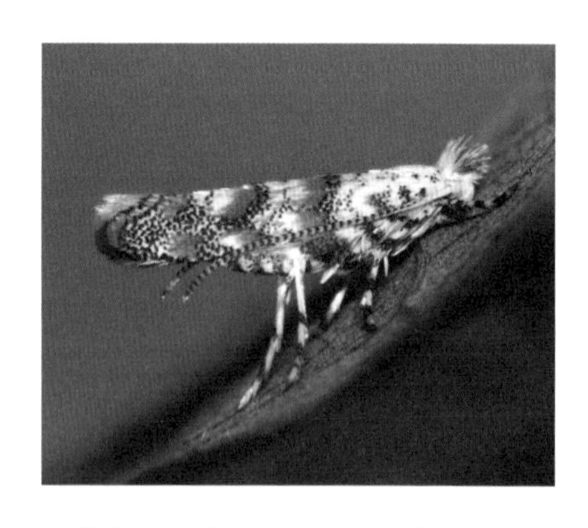

○ 참나무이파리가는나방. 애벌레는 참나무 이파리의 표피층 사이로 파고들어 움직일 수 있을 정도로 작다.

날개 달린 천적

수많은 무척추동물과 척추동물 포식자들, 특히 포식성 곤충과 거미, 새에게 애벌레는 아주 이상적인 먹이여서 언제나 사냥의 표적이 되기 쉽다. 단백질과 지방 비율이 높은 애벌레의 몸은 육식성 생명체가 카로티노이드를 얻기에 가장 좋은 원천이다. 그리고 참나무에는 셀 수 없이 많은 애벌레가 살고 있기 때문에 이들을 찾기 위해 나무를 이 잡듯이 뒤지는 포식자들과 그들의 저녁밥이 되지 않기 위해 최선을 다해 숨는 애벌레들 사이에서 매일같이 긴박한 수싸움이 벌어진다. 참나무는 분명 자연에서 가장 생기 넘치는 장소 중 하나다. 만약 애벌레의 피가 빨간색이었다면(실제로는 초록색이다!) 알프레드 테니슨 경*이 묘사한 아름다운 문장들을 참나무에서 눈으로 확인할 수 있었을 것이다.

비록 포디수스노린재, 침노린재, 쐐기노린재, 애꽃노린재, 장님노린재가 다른 곤충의 알과 애벌레를 잡아먹는 포식자이긴 하지만 애벌레의 가장 큰 천적은 대부분 하늘에서 나타난다. 다시 말하면, 새와 기생말벌을 포함한 다양한 말벌류가 가장 무서운 천적이다. 실제로 8월이면 참나무 주변을 두리번거리며 이

* 영국의 자연주의 시인. 시를 통해 자연의 아름다움에 찬사를 보냈다.

파리에 붙은 애벌레를 찾아다니는 다양한 종류의 새와 이파리 표면을 꼼꼼히 살피고 있는 호리병벌, 땅벌, 흰얼굴땅벌, 쌍살벌 등을 마주치지 않고는 참나무 근처에 다가갈 수도 없다. 만약 여러분이 정말 눈이 좋다면 똑같은 행동을 하는 작은 포식기생자도 발견할 수 있을 것이다.

모든 애벌레는 두려운 포식압으로부터 몸을 지키기 위해 생활사 중 어느 시기에 방어 전략을 갖도록 진화했다. 이들은 이파리를 접거나 말거나 묶어서, 혹은 거미처럼 줄을 뽑거나 작은 나뭇가지 등을 이용해 집을 지어 피난처로 쓴다. 하지만 그 어떤 것도 애벌레를 완전히 보호하지는 못한다. 하루는 우리집 갈참나무에서 서식하는 애벌레의 숫자를 세고 있을 때, 내 공격을 요리조리 잘도 피해 도망 다니던 줄무늬잎말이나방striped oak leaftier과 마주쳤다. 이 나방은 이파리 세 개로 깔때기 같이 생긴 피난처를 만들고는 그 안에 숨어 거의 밖으로 나오지 않을 뿐만 아니라 이파리 틈새 벌어진 부분에까지 빽빽하게 줄을 쳐 포식자나 기생충이 침입할 수 없도록 입구란 입구는 모두 틀어막는다. 비록 내가 그 모습을 신기해하며 관찰하는 사이, 어디선가 얼룩무늬호리병벌Black-and-White Mason Wasp이 등장해 애벌레가 만든 촘촘한 실 사이로 엉덩이를 쑥 들이밀었지만 말이다.

얼룩무늬호리병벌은 엉덩이에 달린 침으로 애벌레를 먼저 마비시킨 후 입으로 실을 물어뜯어 애벌레를 밖으로 꺼낼 구멍을 만든다. 그리고는 목석같이 뻣뻣하게 굳은 애벌레를 입(아래턱)에 물어 자신의 은신처로 돌아간다. 이들은 은신처로 데려간 애벌레의 몸에 알을 하나 낳는다. 줄무늬잎말이나방 애벌레는 아직 살아있지만 움직이지 못하는 상태다. 얼마 지나지 않아 그 몸에서 태어날 다리와 머리가 없는 얼룩무늬호리병벌 애벌레가 안쪽에서부터 산 채로 자신을 먹어치울 때까지 꼼짝도 할 수 없다. 움직이지 못하는 애벌레를 먹어치운다는 말이 문자 그대로 섬뜩하게 들리겠지만, 비싼 냉장고가 없는 이들에게는 몇 주 동안 먹이를 신선하게 보관할 수 있는 완벽한 방법일 것이다.

호리병벌, 땅벌, 흰얼굴땅벌 등의 작은 말벌들은 해가 뜰 때부터 질 때까지 참나무에 있는 애벌레를 사냥한다.

8월에 참나무에서 가장 흔하게 발견할 수 있는 애벌레는 자나방과 곤충의 애벌레, 즉 자벌레inchworm다. 자벌레는 몸을 구부렸다 폈다 하면서 꿈틀꿈틀 움직이는 모습이 마치 자로 길이를 재는 것 같다고 해서 이름이 붙었다. 이들은 형태와 기능 면에서 모두 막대기 흉내를 낸다. 누군가가 건드리면 나뭇가지에서 기울어진 상태로 몇 분 동안이나 꼼짝없이 가만히 있기 때문에 얼핏 보면 작은 나뭇가지라고 착각하기 쉽다.

청소년기에 나는 체조로 하는 묘기에 살짝 발을 담가봤기에 여러 동작을 수행하기 위해서는 몸에 힘이 정말 많이 필요하다는 것을 안다. 그중 가장 어렵고 한 번도 완벽하게 성공하지 못한 동작은 누워서 두 손으로 교통표지판을 잡고 몸을 45도 각도로 들어 올리는 것이다. 이 자세는 생각보다 팔과 배에 많은 힘을 필요로 하는데 정확히 이것이 자벌레가 잘 취하는 포즈다. 나뭇가지에서 자벌레를 볼 때마다 뒤쪽의 두 다리로만 가지를 붙잡고 서서 몸을 최대한 멀리 내뻗고 있는 모습에 감탄을 금치 못하곤 했다. 적어도 처음엔 정말 그런 줄로만 알았다. 하지만 이 묘기 같은 동작을 처음 사진으로 찍었을 때, 카메라에서 터진 플래시가 그 초인적인 힘의 비밀을 밝혀냈다. 비밀은 바로 나뭇가지에 묶인 한 가닥 실이다! 나뭇가지 흉내를 내는 자벌레는 오로지 근육의 힘으로만 몸을 지탱하지 않는다. 우리가 맨눈으로는 보지 못하는 얇은 실이 자벌레의 몸을 잡아주고 있다.

○ 자벌레들은 나뭇가지 흉내를 낼 때 실로 제 몸을 가지에 묶어 체중을 지탱한다. 카메라 플래시를 터트려 찍은 사진에서 이 사실을 확인할 수 있었다.

포식기생벌은 낮이고 밤이고 나무 이파리에 숨어있는 애벌레를 찾아다닌다.

나뭇가지 흉내를 낸 자벌레는 배고픈 새의 눈은 피할 수 있을지 모르지만 시각보다 후각에 의존해 먹이를 찾는 포식자와 포식기생자들까지 속이진 못한다. 다행히 이 문제에도 대부분이 대안을 찾아냈다. 자벌레들은 개미, 포디수스노린재, 톱니바퀴침노린재 같은 포식자의 눈에 띄었다고 판단하면 즉시 몸에서 실을 늘어뜨려 자유낙하를 한다. 이런 행동은

포식자나 포식기생자의 공격을 눈치챈 자벌레는 이파리에서 바로 자유낙하를 해 위험이 사라질 때까지 실에 매달려 있다.

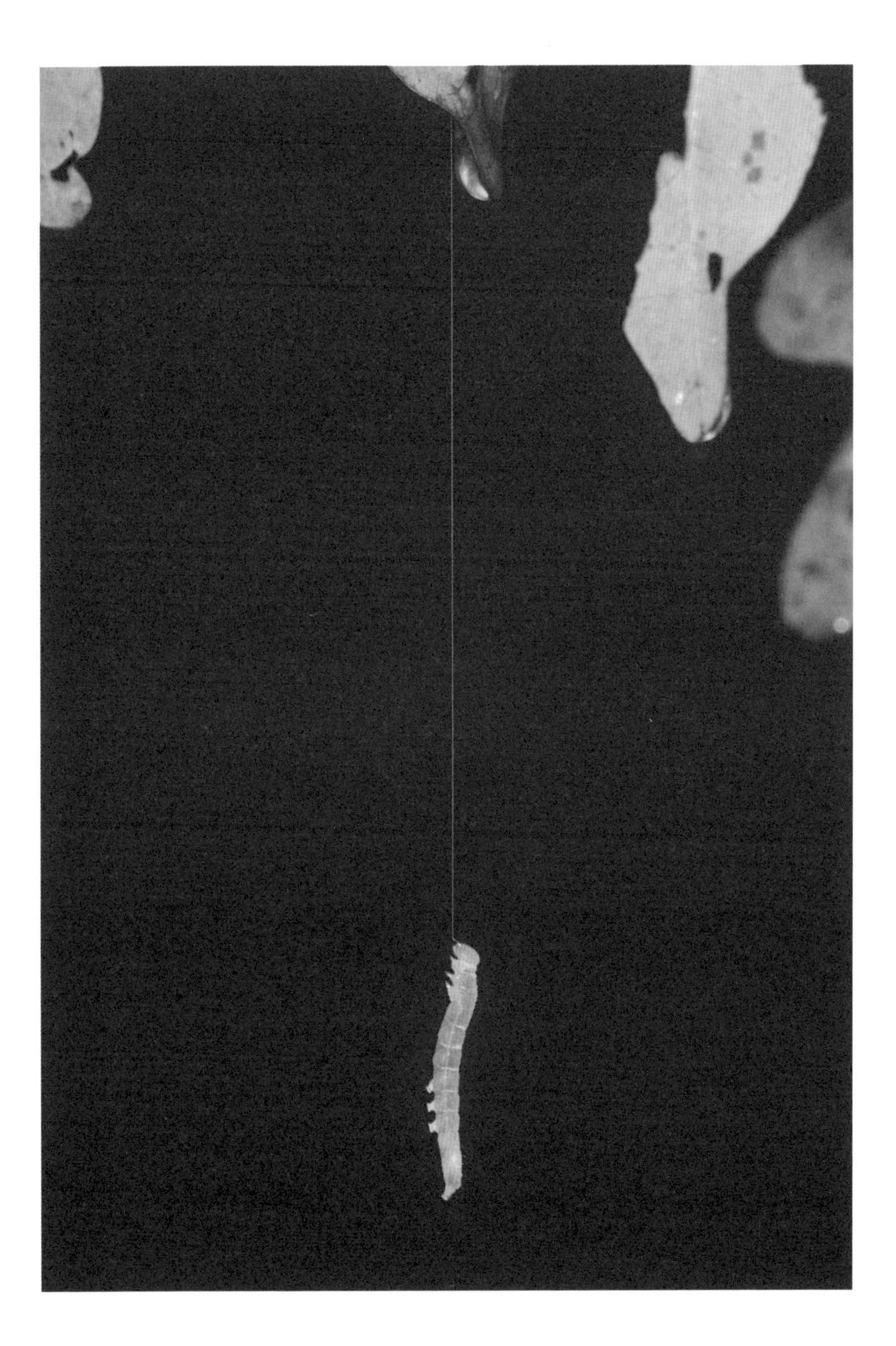

낮보다 밤에 더 잘 관찰할 수 있는데, 해가 진 후 손전등을 들고 참나무 아래를 걸어보면 가까운 이파리에서 몇 센티미터 아래로 줄을 늘어뜨리고 가만히 매달려있는 애벌레를 쉽게 찾을 수 있다. 애벌레는 포식자가 자리를 뜨거나 눈 밖으로 완전히 벗어났다고 생각될 때까지 공중에 매달려 있다. 하지만 어떤 기생벌은 이 모습을 보고도 좀처럼 사냥의 의욕을 꺾지 않는데, 예를 들어 꼬마자루맵시벌*Mesochorus discitergus*은 애벌레가 이파리에 늘어뜨린 실을 발견하면 오히려 기회로 여긴다. 이들은 앞다리로 애벌레를 붙잡은 후 두 손(정확히 표현하자면 앞다리와 뒷다리)을 번갈아 움직이며 실을 위로 감아올리는데, 정확히 자신이 알을 낳기 좋은 위치에 애벌레가 도달할 때까지 그 동작을 반복한다(Yeargan과 Braman 1989). 어떤 포식기생자는 그보다도 훨씬 날렵하다. 애벌레가 실에 몸을 맡기고 허공에 매달려 있는 동안 이 말벌은 실을 따라 미끄러져 내려가서는 공중에 있는 애벌레의 몸속에 바로 알을 낳는다!

나뭇가지 흉내는 확실히 새들의 눈을 피하는 데는 효과적이지만 애벌레가 가지처럼 보일 만큼 빼빼 마른 경우에나 가능한 방법이다. 참나무에서 먹잇감을 찾는 새는 셀 수 없이 많기에 애벌레들은 (심지어 몸집이 큰 경우에도) 저마다 창의적인 방법으로 제 몸을 보호해야 한다. 이파리가 분해되거나 손상된 모습, 혹은 나무껍질의 무늬를 똑같이 모방해서 배경에 완벽하게 녹아드

○ 왼쪽 위부터 시계방향으로 얼룩재주나방, 흰줄무늬재주나방, 유니콘재주나방, 붉은재주나방 애벌레. 모두 시든 참나무 이파리 모양을 흉내 내고 있다.

는 곤충도 있다. 재주나방과에 속한 곤충이 특히나 참나무 조직을 잘 흉내 내는데, 얼룩재주나방checkered fringed prominent이 대표적인 예다. 한때 '나팔꽃재주나방'이라는 이름으로 잘못 분류됐던(실제로는 나팔꽃을 기주식물로 삼지 않는다) 이 나방은 애벌레 시절에 주로 참나무 잎 가장자리에서 발견되는데 그 모습이 꼭 한 입 크게 베어물린 이파리 가장자리처럼 생겼다. 초록색(건강한 이파리 색)과 갈색(죽은 이파리 색)이 얼룩덜룩 어우러진 애벌레의 몸통은 마치 무언가에 갉아 먹힌 이파리처럼 가장자리의 구불

○
붉은재주나방 어른벌레. 재주나방과에 속한 나방은 대부분 어른벌레일 때도 나뭇가지 흉내를 잘 낸다.

구불한 모양까지 정확히 재현한다. 이와 비슷한 디자인을 유니콘재주나방, 붉은재주나방, 흰줄무늬재주나방에서도 찾아볼 수 있다. 이들의 놀라운 의태 행동은 애벌레 단계에서 그치지 않고 어른벌레가 되면 생김새와 그 행동까지 부러진 나뭇가지 모양을 똑같이 흉내 낸다.

방패벌레와 포식자

뻣뻣한 참나무 이파리를 갉아 먹기란 애벌레에게 진화적으로 꽤나 큰 고비였다. 그래서 대부분의 초식곤충은 이파리를 갉아 먹기보다 진액을 빨아 먹는 방식을 택했다. 이들, 빨대 구조의 입을 지닌 곤충은 애벌레일 때는 아래턱이 발달해 단단한 식물 조직을 씹을 수 있다가 어른벌레로 탈바꿈하는 과정에서 빨대 같은 역할을 하는 가느다란 철사 모양으로 변한다. 이런 입으로는 이파리가 아무리 뻣뻣해도 표피를 뚫고 들어가 그 안의 영양가 넘치는 속살을 빨아들일 수 있다. 진딧물은 이런 빨대 입이 머리에 비해 꽤나 긴 편이고, 상대적으로 입이 짧은 곤충은 이파리 표면 근처의 수액만 빨아 먹을 수 있다. 노린재목 방패벌레과Tingidae에 속한 작은 벌레인 방패벌레가 바로 여기에 해당한다.

방패벌레lace bug의 영어 이름은 날개와 앞가슴이 레이스 같이 생겼다는 이유로 지어졌는데* 현미경으로 들여다보면 꽤나 아름답다. 이들은 대부분 군집을 이뤄 먹이 활동을 하기 때문에 이파리 하나에서 어마어마한 숫자의 애벌레와 어른벌레, 때로는 알까지 한데 어우러진 모습을 관찰할 수 있다. 참나무에도 다양한 종이 살지만 미국에서 가장 흔하게 볼 수 있는 것은 참나무각시방패벌레oak lace bug**다.

어른벌레의 모습으로 나무껍질 틈에 숨어 겨울을 나는 참나무각시방패벌레는 기나긴 겨울 동안 동고비와 갈색나무발발이가 열심히 찾아다니는 먹이 중 하나다. 그중에 살아남은 암컷 몇몇이 참나무 잎이 무성해지는 시기가 오면 이파리 뒷면에 20~30개의 알을 낳아 첫 세대를 생산한다. 여름이 지나면서 개체수가 점점 늘어나다가 8월 중순이 되면 이 벌레가 하나도 없는 나뭇잎을 찾기 어려울 정도가 된다. 현미경으로 들여다본 어른벌레는 정말 매력적으로 생겼지만 애벌레일 때는 이동하는 곳마다 까만 배설물 자국을 남겨 (이런 말을 하기 미안하지만) 그 숫자가 늘어날수록 참나무의 심미적 매력은 떨어진다. 수많은 애벌레가 엽록소 부분만 먹어치우기 때문에 참나무 잎은 군데군데 옅은 갈색을 띤다. 여름에 주변에 있는 참나무에서 이렇게

---

* 방패벌레라는 우리나라 국명은 등이 방패 같이 생겼다고 해서 붙었다.

** 영명을 그대로 옮기면 '참나무방패벌레'지만 국내에 그 이름을 가진 곤충이 이미 있어 다른 이름으로 번역했다.

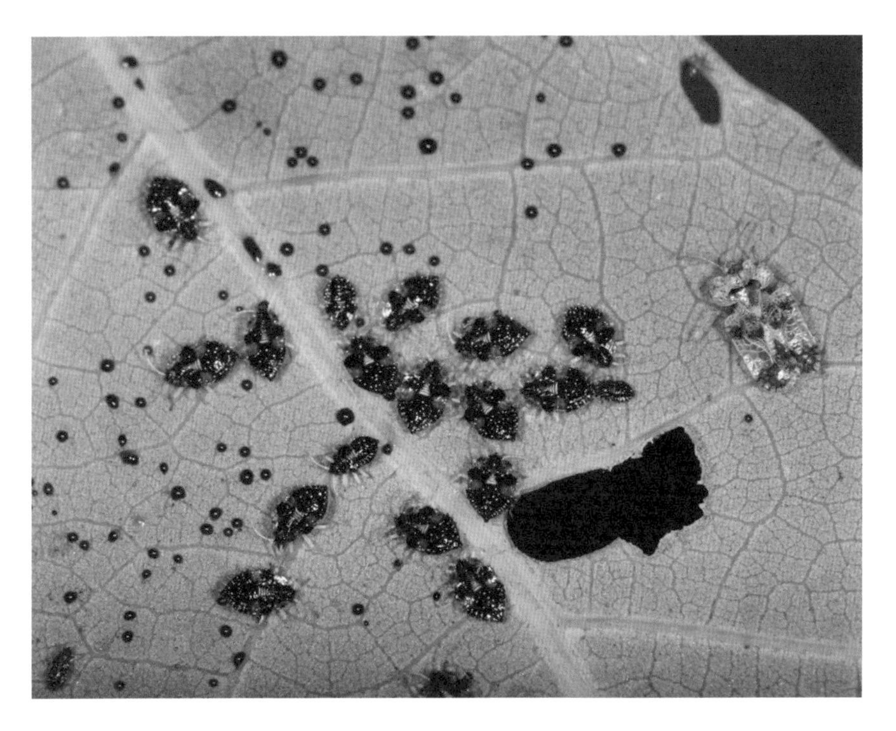

○ 참나무각시방패벌레는 8월에 참나무 이파리에서 쉽게 발견할 수 있다. 사진은 어른벌레 한 마리와 애벌레 여러 마리가 같은 이파리에서 식사를 하는 모습.

손상된 이파리가 눈에 띈다면 대충 무시하고 넘겨도 좋다. 참나무각시방패벌레가 아무리 많아 봤자 참나무를 고사시키지 못하며, 그저 미관상 안 좋다는 이유로 살충제를 뿌린다면 불필요하게 너무 많은 생명을 죽여 세계적으로 곤충 개체수만 더 줄어들게 될 것이다. 그리고 사실 참나무각시방패벌레는 참나무에 의지해 살아가는 동물상에서도 꽤나 중요한 부분을 차지한다.

참나무에 방패벌레가 늘어나면 당연히 주 포식자인 풀잠자리 무리도 많이 찾아온다. 길이 2센티미터 정도의 평범한 초록색 몸을 지닌 풀잠자리목Chrysopidae 곤충은 날개에 잎맥 같은 무늬가 있어 섬세하고 유순해 보인다. 어른벌레일 때는 진딧물을 더 많이 먹지만 애벌레는 낫처럼 생긴 아래턱으로 방패벌레의 알과 애벌레의 내장에 구멍을 내고 그 속의 물질을 빨아 먹는다. 풀잠자리 애벌레 한 마리가 평생에 걸쳐 수백 개의 방패벌레 알과 애벌레를 섭취할 정도다! 그리고 이 애벌레는 종종 진딧물도 눈에 띄는 대로 먹어치워 '진딧물 사자'라고 불리는데, 사실을 말하자면 형제자매를 가리지 않고 만나는 곤충이란 곤충은 다 먹어치우는 포식성 곤충이다. 이는 풀잠자리 암컷에게도 매우 골칫거리다. 어떻게 하면 진딧물과 방패벌레 근처에 알을 여러 개 낳으면서 거기서 태어난 애벌레들이 서로를 잡아먹지 못하게 할 수 있을까? 자연선택은 이런 까다로운 문제에도 독특한 해결책을 내놓았다. 바로 알을 기다란 자루 끝에 하나씩 매달아두는 것이다. 각각 공중에 매달린 상태에서 깨어난 애벌레는 바로 밑에 있는 이파리로 떨어져 먹이 활동을 시작하기 때문에 비슷한 시기에 깨어난 형제자매끼리 금방은 만나지 않을 가능성이 높다.

▷ 풀잠자리 애벌레(위)와 어른벌레. 참나무에 방패벌레 숫자가 늘어날 때 등장하는 포식자 중 하나다.

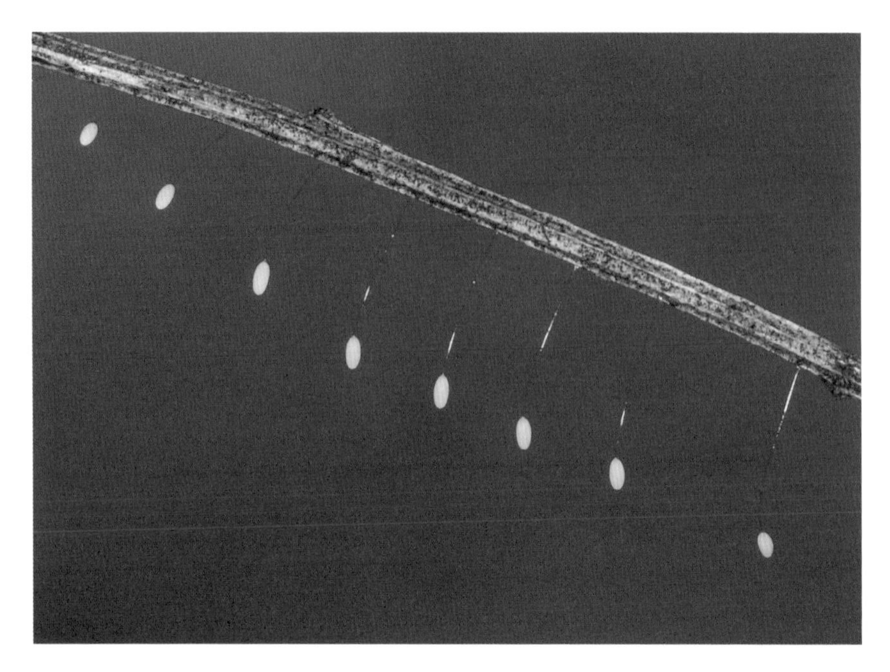

풀잠자리 알. 제각각 긴 자루 끝에 매달려 있다.

○

○ 아카날로니꽃매미. 어른벌레과 애벌레 모두 8월의 참나무에서 쉽게 찾아볼 수 있다.

참나무에 사는 꽃매미

이파리를 갉아 먹는 대신 빨대 같은 입으로 진액을 빨아 먹는 곤충 중에 참나무에서 볼 수 있는 것으로는 선녀벌레 Flatidae 와 꽃매미 Acanaloniidae 류도 있다. 두 무리 모두 애벌레일 때 눈이 크고 몸통은 짧아 전반적으로 동그란 형태를 띠며, 그래서 마치 머리에 작은 다리만 여러 개 달린 것처럼 보인다. 다른 곤충 애벌레와 크게 구별되는 특징은 꽁무니에 제 몸길이보다도 길고 복슬복슬한 섬유 조직이 빽빽이 달려있다는 점이다. 이 흥미로운 생김새에 아무런 이유가 없을 리 없다.

여러 누대에 걸쳐 많은 곤충은 몸에 독특한 구조물을 하나 갖고 있으면 포식자의 손아귀에서 잘 빠져나갈 수 있다는 사실을 알아냈다. 예를 들어 오리나무면충, 층층나무잎벌, 호두나무잎벌 애벌레도 몸 전체가 혐오스러운 털로 덮여있다. 참나무에 사는 꽃매미 애벌레는 독특하게도 복부 끝에 있는 분비샘에서 얇은 실 같은 물질을 분비해 이런 구조물을 만든다. 개미, 무당벌레, 침노린재를 비롯한 수많은 천적이 이들을 사냥하려다 실 같은 분비물만 입에 잔뜩 물고 놓쳐버린다면 아무래도 다음 번 사냥을 꺼리게 될 것이다. 꽃매미 애벌레가 어른벌레로 탈바꿈하면 더 이상 이런 분비물로 몸을 보호할 필요가 없어진다. 기다란 실타래 같은 분비물은 비행에 도움이 안 될 뿐더러 점프

실력이 뛰어난 어른벌레가 몇 초 만에 위험에서 벗어나려 높이 뛰기를 할 때 방해만 되기 때문이다.

매미를 잡아먹는 벌

여러분이 살고 있는 지역에 따라 다르긴 하겠지만 미 동부의 어느 정도 오래된 나무가 있는 정원에서라면 13년 혹은 17년마다 찾아오는 주기매미가 6월에 등장할 수도 있다.* 물론 어느 해에나 7월 중순이 되면 등장하는 매미 종류가 적어도 한 마리는 있을 테고, 이들은 모두 8월이면 활발하게 활동을 시작한다. 미국에서 매년 볼 수 있는 매미는 보통 주황색을 띠는 주기매미보다 개체수는 훨씬 적고 그보다 훨씬 큰 몸통에 검은색과 약간의 녹색이 가미돼 있다. 모든 매미가 그렇듯 이들도 수컷이 시끄러운 소리를 내며 암컷의 환심을 사려 한다. 더위로 나른해지는 여름 동안 미국 전역에서 그 소리를 들을 수 있다.

매년 여름이면 어김없이 매미가 나타난다는 것을 알기에 이를 안정적인 식단으로 삼으려는 포식자도 있다. 매미를 주로 먹는 새와 다람쥐 외에 오로지 매미만 사냥하는 커다란 말벌도 있는데 일명 '매미잡이벌cicada killer'이다. 구멍벌과에 속한 곤충 중

* 한국에서는 주기매미를 찾아보기 힘들다.

가장 몸집이 크고 최대 5센티미터까지 자라는 이 벌은 북미지역에서 가장 무서워 보이는 곤충인 동시에 아이러니하게도 가장 위험하지 않은 곤충이다. 대개의 구멍벌이 그렇듯, 매미잡이벌은 무리를 지어 생활하는 말벌이나 땅벌 등과 달리 여왕벌 한 마리와 수백 마리의 일벌이 사는 벌집을 만들지 않는다. 이들은 짝짓기 시기를 제외하고는 다른 벌과 협력하지 않고 홀로 생활한다. 물론 특정한 지역에서 많은 숫자가 날아다니는 것을 보면 근처에 벌집이 있다고 오해하게 될지도 모른다. 그러나 그 경우에는 아마도 근방에 매미잡이벌이 번식하기 좋은 두 가지 조건을 갖춘 장소가 있을 것이다. 그들이 쉽게 파헤칠 수 있을 만큼 부드러운 땅과 매년 많은 숫자로 나타나는 매미 말이다.

매미잡이벌 암컷은 매미가 비행하는 동안 그 몸통에 침을 쏴 마비시키는 방식으로 사냥을 한다. 그리고는 매미를 땅에 질질 끌어 미리 파두었던 굴로 데려간다. 매미잡이벌은 상당한 노력을 들여 땅 속에 굉장히 큰 굴을 파는데, 대략 지하 30센티미터 깊이로 파내려간 후 옆으로 15센티미터를 더 판다. 뚱뚱한 매미를 굴 끝에 있는 방까지 무사히 운반하려면 굴의 너비가 충분해야 한다. 일단 매미를 제 위치까지 끌고 가면 그 몸속에 알을 낳고 흙으로 굴 입구를 닫는다. 얼마 지나지 않아 알에서 애벌레가 깨어나면 몇 주에 걸쳐 매미의 몸을 먹어치우며 성장할 것이다. 가끔 암컷 매미잡이벌은 굴 안에 매미 여러 마리

○ 우리집 마당에 매년 모습을 드러내는 이 매미를 사냥하는 유일한 곤충은 구멍벌 중에서도 몸집이 가장 큰 매미잡이벌이다.

를 넣어두기도 한다. 굴속에서 완전히 성장한 애벌레는 번데기 상태로 가을, 겨울, 봄을 보내며 매미가 다시 모습을 드러낼 다음해 7월을 기다려 어른벌레로 탈바꿈한다. 암컷은 보통 매미를 사냥할 때마다 구멍을 새로 파는데, 어른벌레로 보내는 4~5주 동안 매미를 사냥하고 땅속에 묻는 일을 계속해서 반복한다(Alcock 1998).

대부분의 곤충이 그렇듯(사실 거의 대부분의 동물이 그렇다) 수컷

매미잡이벌은 새끼를 키우는 데 어떤 역할도 하지 않는다. 이들이 관심을 두는 것은 오직 하나다. 가능하면 많은 암컷과 짝짓기를 하는 것 말이다. 수컷에게는 다행스럽게도 암컷 매미잡이벌은 굴을 하나 팔 때마다 수컷과 짝짓기를 한다. 그리고 알을 낳을 장소에 다른 수컷은 얼씬도 못하도록 쫓아낼 힘이 있는 강력한 수컷을 선호한다. 다시 말하자면 수컷은 암컷이 알을 낳을 장소(땅을 깊게 파기에 알맞은 지역)를 계속해서 순찰을 돌며 지키고 있어야 한다는 뜻이다. 암컷은 굴을 완성시킨 후에도 수컷의 도움을 받는다. 그리고 바로 이 부분에서 우리는 종종 수컷의 의도를 오해한다. 수컷 매미잡이벌은 움직이는 물체를 잘 구분하지 못하기에 라이벌인 다른 수컷뿐만 아니라 종종 사람을 위협하기도 한다. 이들은 여러분의 개와 고양이뿐만 아니라 우체부도 쫓아가면서 도망가는 방향으로 흙을 뿌려 자신이 찍어놓은 암컷과 짝짓기하지 못하도록 방해한다. 만약 매미잡이벌이 알을 낳기 좋은 지역에 산다면 여러분에게는 달리 선택의 여지가 없다. 수컷은 종종 여러분에게로 날아와 무해하지만 동시에 사나운 얼굴로 인상을 쓸 것이다. 그러나 이들 수컷에게는 침이 없기에 어떤 방법으로든 우리를 해칠 순 없다는 점을 상기하자. 안타깝게도 마당에 매미잡이벌이 알을 낳기 좋은 흙을 풍부하게 갖고 있는 사람들은 이 사실을 모르는 경우가 많다. 그래서 이 거대한 말벌이 자신을 쏘고 말 것이라는 두려움에 수백 달러

수컷 매미잡이벌이 자신의 영역에서 경계를 서고 있다. 암컷과 짝짓기를 하기 전에 영역을 침범하는 침입자가 등장한다면 바로 뒤따라가 쫓아낼 것이다.

를 들여 해충업체를 고용하거나 살충제를 살포해 마당에 서식하는 말벌을 모두 죽이려 든다. 물론 암컷 매미잡이벌은 침으로 매미를 마비시킬 능력이 있지만 곤충행동학자로서 45년을 보내는 동안 나는 암컷이 그 침으로 사람을 쐈다는 사실은 듣지도 보지도 못했다. 암컷 매미잡이벌 역시 오직 한 가지 목표에만 집중한다. 한여름 여러분의 참나무에서 태어날 매미를 사냥해 자신이 만든 굴속에 묻어두는 일 말이다.

September

9월

9월은 이파리를 갉아 먹는 애벌레들이 참나무 잎에 저장된 영양분을 활용할 수 있는 거의 마지막 달이다. 9월 말이 되면서 참나무 이파리는 더 두껍고 뻣뻣해지고 수분은 최소한만 남는다. 5월 초 새순이 자라기 시작하면서부터 이파리를 먹어치우던 곤충들 때문에 잎은 이미 너덜너덜해져 있다. 이 즈음이면 이파리의 영양학적 가치도 줄어들지만 여전히 참나무를 활용하는 다양한 동물을 관찰하기에는 좋은 시기다.

걸어 다니는 막대기

변함없이 우리의 마음을 사로잡는 곤충으로 대벌레walking stick를 꼽을 수 있다. 대벌레의 영어 이름은 나뭇가지 같아 보이는 작은 날개와 몸통을 잘 표현한다. 대벌레과Phasmatidae에 속한 곤충은 주로 열대지역에서 발견할 수 있는데 그 종류가 무척 다양하고 어떤 종은 몸길이가 30센티미터를 넘는다. 그러나 북미에는 대벌레가 단 6종밖에 없고 가장 큰 종도 13센티미터를 넘지 않는다. 물론 이 정도도 곤충치고는 꽤나 인상적인 몸길이이고 대벌레가 앞다리를 쭉 뻗기까지 한다면 훨씬 길어 보일 것이다.

미국 전역에서 가장 흔하게 볼 수 있는 대벌레로는 북아메리카대벌레northern walkingstick를 들 수 있다. 이들은 주로 낙엽수림에서 서식하며 잎맥을 제외한 낙엽의 모든 부분을 갉아 먹는데 특히 갈참나무를 좋아한다. 대부분 숲에서 대벌레는 일정 선 이하의 개체수를 유지하지만 갈참나무가 주를 이룬 곳에서는 10년 정도 주기로 숫자가 눈에 띄게 늘어나곤 한다. 그러나 대벌레가 많든 적든 사람들이 잘 목격하지 못하는 데는 두 가지 이유가 있다. 첫째, 숲에서 볼 수 있는 나뭇가지의 수백만 가지 형태를 너무도 잘 흉내 낸다. 둘째, 대벌레는 생애 대부분을 무성하게 우거진 나뭇잎 속에서 보내며 밤에 가장 활발하게 활동하는 야행성 곤충이다. 일반적으로 대벌레는 잎이 지기 시작하는 9월과 10월에 주로 목격되며, 우리집 마당에서도 이 무렵 참나무에서 떨어진 대벌레들이 집 지붕을 기어 올라가는 장면이 종종 발견되곤 한다.

대벌레는 새와 다람쥐 같은 척추동물 포식자의 공격을 피할 수 있는 다양한 방어 능력을 갖추고 있다. 그중 가장 눈에 띄는 것이 의태擬態, 즉 형태 흉내 내기다. 대벌레는 나뭇가지가 많은 서식지에서 그 배경에 감쪽같이 녹아든 모습으로 천적의 눈을

애리조나대벌레가 여유롭게 에모리참나무의 이파리 사이를 돌아다니고 있다.

속이는데 형태는 물론이고 행동까지 닮아 금상첨화의 결과를 낳는다. 모두가 알다시피 나무에 달린 잎들과 가는 나뭇가지들은 뻣뻣한 상태로 가만히만 있지 않으며 산들바람이나 근처 나뭇가지에 내려앉는 새의 갑작스러운 움직임으로 인해 자주 흔들린다. 만약 대벌레가 주변의 다른 나뭇가지가 흔들릴 때 혼자만 뻣뻣하게 멈춰 있다면 포식자는 금세 그것이 가지가 아니라 맛있는 먹이라는 사실을 눈치 챌 것이다. 실제로 대벌레는 포식자가 다가오는 움직임을 눈치 채면 몸을 벌벌 떨면서 식물의 일부인 양 행동한다. 그리고 이때, 포식자의 눈을 속이지 못한다면 대벌레는 바로 숲 바닥으로 몸을 던져 수천 개의 진짜 나뭇가지 사이에서 뻣뻣하게 미동도 없이 있다. 그럼에도 포식자의 손아귀에 들어간다면? 이렇게 운이 나쁜 대벌레에게도 최후의 방법이 있다. 어떤 대벌레는 거의 모든 포식자에게 독성을 발휘하는 화학물질을 내뿜는다. 예를 들어 두줄대벌레two-striped walkingstick는 앞가슴에 있는 분비샘에서 몇 센티미터 높이까지 화학물질을 뿜을 수 있으며, 심지어 이상한 낌새를 눈치 채지 못한 새의 눈을 향해 쏘기도 한다!

암컷 대벌레는 늦여름에 완전히 성장해 짝짓기를 하고 알을 낳기 시작하는데, 커다란 씨앗처럼 생긴 알을 숲의 우거진 나뭇잎 사이로 인정사정없이 떨어뜨린다. 알은 숲 바닥에 깔린 낙엽층으로 떨어져 가을, 겨울 그리고 다음 해 초봄까지 지낸다. 그리고 늦봄이 되면 대부분의 알에서 애벌레가 깨어나 근처에 있는 나무 꼭대기를 향해 열심히 기어 올라가면서 만나는 이파리들을 모조리 먹어치운다. 이 시기에 부화하지 않고 남은 몇몇 알은 숲 바닥에 머물며 한 해를 더 보낸 후 이듬해 봄에 깨어나기도 한다. 생물학에서는 이런 번식 전략을 '생태적 분할산란bet hedging'이라고 하는데 그 덕분에

2년 이상 주기로 믿기 어려울 정도로 많은 애벌레가 깨어난다. 이런 방식을 통해 대벌레는 극심한 가뭄, 허리케인, 화재, 홍수, 심지어 드물긴 하지만 6600만 년 전 공룡 제국의 막을 내리게 한 소행성의 충돌 같은 극단적인 대재앙이 닥쳐도 씨가 마르지 않을 가능성을 남긴다.

팔랑나비에게 낙엽층이란?

9월에 참나무 이파리에서 두 번째 세대를 관찰할 수 있는 곤충 중에 멧팔랑나비*Erynnis* 여러 종도 있다. 이 무리에 속한 유베날리스팔랑나비, 호러스팔랑나비, 줄무늬팔랑나비, 자루코팔랑나비, 프로페르티우스팔랑나비는 모두 탈피 후 어른벌레가 되면 날개에 비슷한 갈색이 돌기 때문에 자연에서 종을 바로 구분하기 어렵다. 하지만 애벌레는 꽤나 매력적이고 독특한 생김새를 띠어 구분할 수 있다. 팔랑나비는 원래 나비의 특성(주행성 비행, 곡선 형태의 더듬이)과 나방의 특성(통통한 몸통)을 함께 지닌, 진화적 수수께끼로 가득한 곤충군이다. 대부분은 풀을 갉아 먹으며 살고 특히나 억센 초본 이파리를 잘 뜯어먹도록 진화했다. 초본식물은 대부분 조직 내에 방대한 양의 이산화규소가 들어 있어 강력한 아래턱과 그것을 잘 움직여줄 튼튼한 근육을 타고난 곤충만이 먹을 수 있다. 팔랑나비 애벌레에게 그 근육은 머리통에 있다. 그렇기에 다른 나방과 나비 애벌레보다 유난히 머리가 큰데 흥미롭게도 팔랑나비는 머리통 뒷부분, 그러니까 애벌레의 목 부분이 유난히 얇아 마치 누군가가 목을 조른 것처럼 보인다!

한편 참나무에 사는 팔랑나비 애벌레는 풀잎을 갉아 먹던 선조의 습성을 버리고 참나무 이파리에 완벽히 적응했다. 우리가 추측할 수 있는 유일한 단서라면, 이 나비 무리가 오랜 세월 뻣뻣한 풀잎을 먹으며 쌓은 노하우 덕에 거의 일 년 내내 말라빠진 초본 줄기만큼이나 뻣뻣한 참나무 이파리를 섭취하는 데도 전문가가 될 수 있었으리라는 점이다. 다른 팔랑나비들처럼 참나무에 사는 팔랑나비도 이파리의 일부를 접어 실로 연결해 은신처를 만든다. 그리고 낮 동안에는 거기에 안전하게 숨어있거나 평화롭게 음식을 먹는 장소로 활용한다. 애벌레 한 마리는 성장하면서 이런 은신처를 여러 번 만들고 버리는 과정을 반복하는데 그 흔적이 그들의 움직임을 뒤쫓는 연구자들에게 재미있는 실마리를 제공하곤 한다.

성장 단계를 완전히 마친 팔랑나비 애벌레는 땅으로 떨어져 참나무 둥치 근처에 쌓인 낙엽층 속으로 파고들어 탈바꿈을 한다. 바로 이 마지막 과정이 성장과 번식을 위해 참나무 잎을 활용하는 나방과 나비들에게 아주 중요하다. 생활사를 온전히 참나무 위에서만 보내는 종은 사실 얼마 안 된다. 참나무를 기주식물로 삼은 수백 종의 애벌레 중 90퍼센트 이상은 완전히 자란 후에는 스스로 참나무에서 떨어져 땅속, 혹은 나무 밑에 쌓인 낙엽더미 속으로 들어가 번데기를 만든다.

안타깝게도 아름다운 조경을 위해 부지런히 낙엽을 걷어내는 사람들의 평범한 루틴은 곤충에게 꼭 필요한 생명 활동을 방해한다. 대부분의 사람들은 참나무 밑에 낙엽이 쌓이게 놔두

○ 유베날리스팔랑나비 애벌레. 낮에는 접은 이파리 속에 숨어있다가 밤에 참나무 이파리를 갉아 먹기 위해 밖으로 나온다.

는 대신 둔치의 흙을 단단히 다지고 잔디까지 깔끔하게 깎아놓는다. 이런 행동은 참나무에게도 별 도움이 안 될 뿐더러 그 밑에 살고 있는 토양 유기체와 참나무에 서식하는 대부분의 곤충에게 정말 치명적이다. 애벌레의 생애주기를 방해해 생태학적으로 덫을 만드는 것이나 다름없다. 암컷 나방이 참나무에 낳은 알에서 깨어나 열심히 이파리를 갉아 먹으며 성장한 애벌레는 안타깝게도 생애 마지막 순간에 대부분 잔디깎기 기계에 갈려 사람들 발에 밟히거나 너무 단단하게 다져진 땅속으로 파고들려 애쓰다가 생을 마감하게 된다.

이 딜레마를 해결할 가장 쉬운 해결법은 참나무 밑에 다른 어떤 인위적인 영향도 받지 않을 화단을 조성하는 것이다. 구족도리풀, 미국담쟁이덩굴, 양치식물이나 다양한 종류의 제비꽃, 혹은 예쁜 지피식물이나 초봄식물로 구성된 이상적인 화단을 만들어보자. 개암나무, 꽃산딸나무, 버지니아풍년화 혹은 캐롤라이나서어나무로 하층 식생을 꾸리거나 진달래, 산분꽃나무, 블루베리 같은 관목을 참나무 아래에 심어 입체적으로 구성해보는 것도 좋다. 그 위로 떨어진 참나무 낙엽이 자연스럽게 애벌레를 위한 완벽한 서식지가 돼줄 것이다.

○ 참나무에 서식하는 애벌레들이 제대로 성장하기 위해서는 나무 바로 밑에 자연스러운 화단이 있으면 좋다.

인상적인 능력자, 긴꼬리

우리집 마당에 사는 귀뚜라미들은 늦여름에 어른벌레가 된다. 그리고 기온이 높은 9월 저녁이면 짝짓기를 위한 노래를 합창한다. 대부분의 귀뚜라미과Gryllidae 곤충은 땅 위, 또는 키 작은 초본식물이나 나무 주변에서 서식하지만 긴꼬리tree cricket류는 보통 나뭇잎 위에 앉아 노래를 부른다. 미국 전역의 참나무에서 찾아볼 수 있는 대표적인 종으로 흰나무긴꼬리snowy tree cricket 가 있다. 일반적으로 몸에 옅은 초록색을 띠며 가끔은 색이 너무 옅어 하얗게 보이기도 한다.

흰나무긴꼬리는 기온에 따라 우는 속도가 놀라우리만치 정확하게 변해 '온도긴꼬리'라는 별명으로도 불린다. 1897년 아모스 돌베어가 실험으로 이를 밝혀냈는데, 당시에는 어떤 종인지 몰랐지만 훗날 그것이 흰나무긴꼬리였다는 사실을 알게 됐다. 돌베어는 집 근처에서 들려오는 곤충의 소리에 귀를 기울이다가 이들이 1분 동안 섭씨 15도에서는 80번, 21도에서는 120번, 그리고 10도에서는 40번밖에 울지 않는다는 사실을 발견했다. 이 실험으로 돌베어는 다음과 같은 관계식을 도출했다.

온도(°F)=40+N.

이때 N은 15초마다 흰나무긴꼬리가 우는 횟수다.

(Dolbear 1897)

이 간단한 공식은 '돌베어의 법칙'이라는 이름으로 유명해졌고, 약간의 수정을 거치면 다른 종류의 귀뚜라미에도 적용할 수 있다. 그러니 올해 집 주변 참나무에서 울고 있는 귀뚜라미를 눈으로 직접 목격하지 못한다 해도 스마트폰에 있는 날씨와 타이머 어플을 사용한 실험으로 어떤 종인지 유추해낼 수 있을지도 모른다. 이 과정에서 적어도 100년 전에 진행됐던 돌베어의 관찰 실험이 얼마나 정확했는지도 확인할 수 있을 것이다.

참나무에는 흰나무긴꼬리만큼이나 인상적인 능력을 지닌 긴꼬리가 또 있다. 두점박이긴꼬리two-spotted tree cricket는 오랜 기간에 걸쳐 독특한 기술로 소리를 크게 내는 법을 연마했다. 수컷은 먼저 참나무 이파리에 난 구멍 가장자리에 자리를 잡고 구멍 안쪽으로 머리를 향하게 한 다음 머리 위로 날개를 들어 올린다. 그리고는 일정하게 높은 음으로 윙윙거리는 노래를 부른다. 이때 날개가 구멍을 가리다시피 하면서 음향을 조절하는 판막 역할을 해 소리가 훨씬 증폭된다. 구멍은 아무 것이나 사용할 수 없으며 두 날개가 모두 들어갈 정도로 큰 것을 찾아야 한다. 조건만 맞으면 맨몸으로 내는 것보다 훨씬 더 큰 소리를 만들어낼 수 있다.

곤충 암컷은 덩치로 수컷을 평가한다는 사실을 기억하자. 긴꼬리의 경우 수컷이 부르는 노랫소리가 그 덩치를 짐작하는 간접적 지표가 된다. 중앙아메리카에 사는 어떤 긴꼬리는 여기서

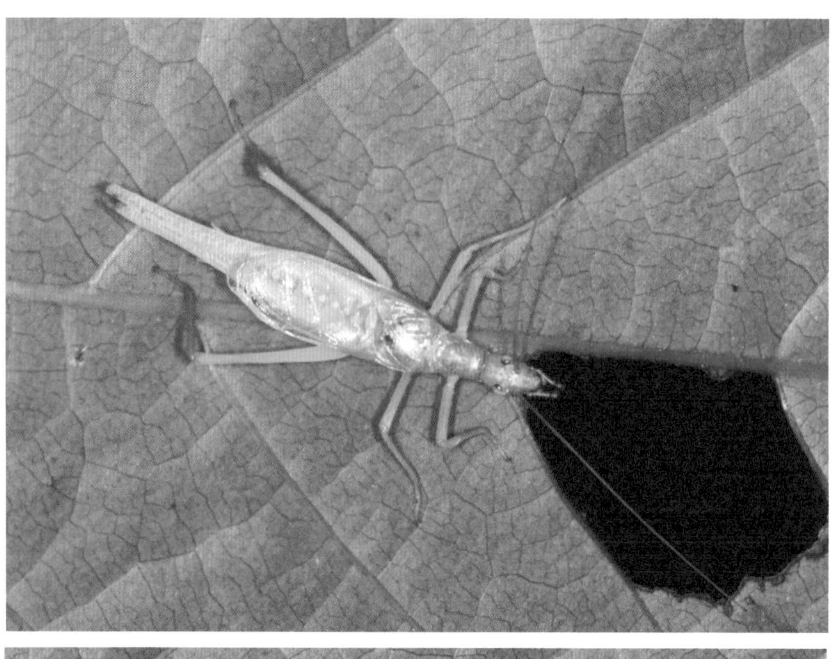

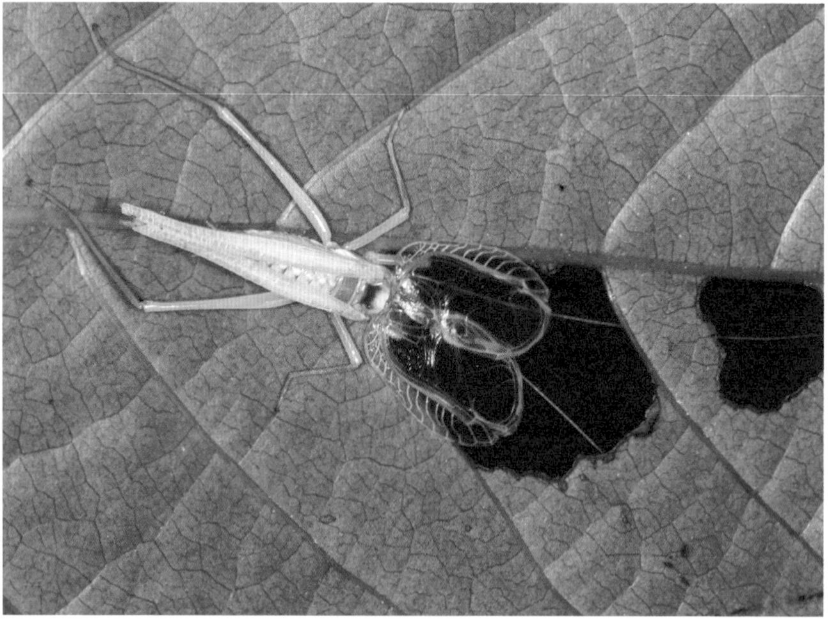

더 나아간다. 적당한 크기의 구멍을 찾아 헤매느라 시간을 허비하는 대신, 노랫소리를 들려주고 싶은 방향을 향해 이파리에 딱 원하는 크기의 구멍을 뚫는다. 어쩌면 이런 행동은 암컷에게 실제 몸 크기를 속이기 위한 거짓 선전일지 모른다. 마치 은행 잔고는 한 푼도 없으면서 데이트 상대에게 '있어 보이기' 위해 온갖 신용을 끌어다 끝내주는 차를 사버리는 스무 살 청년처럼 말이다. 진실을 왜곡해 매력적인 암컷의 관심을 끌고 싶어 하는 건 곤충에게만 해당되는 말이 아니다.

겨울 준비

9월이 돼도 여전히 미국 전역의 기온은 높다. 공식적으로 가을이 시작되는 날은 9월 21일*이며 이후로는 겨울이 다가오는 신호가 분명하게 눈에 띈다. 미역취를 비롯해 여름에 꽃이 피는 달맞이꽃, 수잔루드베키아, 자주루드베키아 같은 식물은 대부분 이 시기에 씨앗이 완전히 무르익는다. 사실 씨앗의 종류가 9월보다 다양해지는 시기는 없다. 많은 식물에게서 씨앗이 동시다발적으로 무르익어가는 이 기간은 그리 길지 않고 연중 단 한 번만 일어난다. 따라서, 당

◁
두점박이긴꼬리 수컷은 이파리에 난 구멍을 활용해 노랫소리를 크게 만든다. 아래 사진은 구멍 위로 날개를 들어 올려 소리를 증폭시키는 모습.

* 절기로 따지면 낮과 밤의 길이가 같아지는 추분에 해당한다.

연한 말이지만 부산스럽게 영양가를 따져가며 씨앗을 찾아 먹는 동물들(다람쥐, 청설모, 쥐, 그리고 다양한 새들)은 가능하면 많은 씨앗을 모아 자연에 먹이가 떨어질 차디찬 겨울 동안 꺼내 먹기 위해 숨겨둔다. 9월에 집에 새 모이통을 매달아둔다면 눈앞에서 드라마 같은 일이 펼쳐지는 걸 목격할 수 있을 것이다.

새에게 먹이를 줄 때 모이통을 가득 채워두는 것만큼 간편한 것이 없다. 새들은 더 구미가 당기는 곤충이 등장하지 않는 이상 모이통에 든 음식을 선호한다. 여러분의 모이통에 찾아오는 박새류를 예로 들어보자. 박새는 대부분의 되새처럼 한 자리에서 씨앗을 까먹지 않는다. 잽싸게 날아와 씨앗을 입에 물고는 휙 날아 시야 밖으로 사라진다. 그 후에는? 물고 간 씨앗으로 박새는 무얼 할까? 이들은 자기만 아는 공간에 씨앗을 숨긴다. 시간이 흐르면서 박새는 스스로 안전하다고 여기는 장소에 아예 씨앗을 은닉할 창고를 만든다. 그리고는 겨우내 그곳을 계속 방문하면서 씨앗을 야금야금 먹어치운다. 물론 씨앗을 물어가는 박새는 여러분이 겨우내 모이통에 씨앗을 계속 채워줄 것이라는 사실을 모른다(아, 1월에 일주일 정도 플로리다로 여행을 가지 않는 한 말이다). 새들은 모이통을 이 계절에 일시적으로 씨앗을 얻을 수 있는 여러 장소 중 하나로 여긴다. 그래서 다른 누군가가 채가기 전에 씨앗을 가능한 한 많이 물어다 혼자서 두고두고 먹을 수 있는 안전한 장소에 숨기려 한다. 그리고 이때가 바로 여러분의 참나무가 다시 유용해지는 순간이다. 다양한 참나무 중에서도 갈참나무는 수피가 거칠거칠해 나무껍질 구석구석에 씨앗을 숨겨두기 좋다. 나무 한 그루에서도 씨앗을 숨길 장소가 족히 수천 개는 될 것이다. 오래된 참나무라면 나뭇가지가 부러지면서 생긴 홈이나 딱따구리가 둥지로 쓰기 위해 쪼았던 구멍도 많다. 모두 씨앗을 숨기기 좋은 장소다.

어떤 새들은 사람보다 훨씬 약삭빨라서 씨앗을 숨기는 데 공을 들이는 다른 새를 이용한다. 이 분야에서 악명 높은 녀석은 파란어치를 포함한 어치류다. 박새가 먹이를 물고 왔다 갔다 하는 모습을 숨죽인 채로 관찰한 어치는 이 작은 새가 알아채기 전에 잽싸게 가서 '숨겨진' 씨앗을 빼먹는다. 그러니까 우리는 씨앗을 열심히 저장하는 새들과 그 씨앗을 훔치는 새들 모두 충분히 배를 불릴 수 있을 만큼 풍족한 자연 환경을 조성하는 게 좋지 않을까.

앞서 여러 장에 걸쳐 나는 여러분이 주변에서 볼 수 있는 흔한 참나무, 그중에서도 우리집 마당에 심은 갈참나무를 일 년 동안 관찰하면서 만날 수 있는 여러 동물을 언급했다. 이 동물들은 내가 참나무를 심지 않았다면 우리집 마당에 찾아오지 않았을 것이므로 참나무에 의지해 살아가는 생명체라고 할 수 있다. 참나무와 관계를 맺는다고 알려진 수천 종의 동물을 이 책에서 모두 언급하는 건 작가인 나의 영역 밖의 일이고, 장담컨대 여러분의 관심사도 아닐 것이다. 이 책을 쓰기 시작한 건 참나무를 둘러싼 생명공동체에 대한 작은 관심을 불러일으키고 좁게는 미국 전역, 더 정확하게는 지구 북반구 생태계에서 참나무가 얼마나 중요한 역할을 하고 있는지에 대한 감사의 마음을 일깨우기 위함이었다. 만약 여러분이 근방에 사는 야생동물을 보호하는 데 조금이라도 도움이 되고 싶거나 좀 더 가까이에서 자연의 신비를 즐기고 싶다면, 마당이나 집 주변에 참나무를 한두 그루 심어보라고 강력하게 추천한다.

참나무는 비록 미국 전역의 생태계에서 오랫동안 초석 역할을 해왔지만 한때 제 몸과 주변으로 수많은 층위의 독특한 생물상을 펼쳐 보였을 고목은 오늘날 조경에서 거의 사라지고 없다. 참나무는 대부분 종이 몇 백 년 전부터 지구 전역에 목재를 공급하는 소중한 원천으로 쓰였다. 커다란 고목이 사라지고 난 후에도 우리는 계속해서 참나무 서식지를 파괴했다. 사람들은 거대한 참나무 숲이 있던 자리를 '개발'(생태적 관점에서 이는 정말 아이러니한 말이다)하겠다며 불을 질러 곡창지대나 목초지로 만들었다. 과거 동부의 야생 숲에서 참나무의 비율은 55퍼센트에 달했지만 유럽인들이 북미로 넘어와 정착하기 시작한 이후로 35퍼센트까지 낮아졌다(Hanberry와 Nowacki 2016). 지난 8000년 동안 참나무에게 호의적이었던 기후가 어그러진 데다 유럽인들과 함께 찾아온 참나무급사병, 참나무시들음병, 참나무잎마름증상 등의 질병과 매미나방 같은 파괴적 침입종들로 인해 수많은 참나무가 벼랑 끝에 내몰렸다. 일리노이주 라일에 있는 모턴아보레텀의 최근 연구에 따르면 북미에 자생하는 91종의 참나무 중 28종(30퍼센트 이상)은 개체수가 너무도 줄어든 나머지 얼마 지나지 않아 야생에서 완전히 사라질 위기에 놓였다(Morton Aboretum 2015). 예를 들어 소중한 오리건갈참나무Oregon white oak의 서식지는 지난 200년 동안 97퍼센트가 사라졌다.

참나무가 사라지는 건 단순히 참나무만의 문제가 아니다. 참나무에 의지해 살아가는 수천 종의 식물과 동물이 함께 사라져

오리건갈참나무는 원래 서식하던 개체수의 90퍼센트 이상이 줄어들었다.

버리는 문제다. 예를 들어 영국에서는 참나무가 줄어들며 2300종의 동식물이 생존에 위협을 받고 있다(Mitchell 외 2019). 이렇게 참나무가 줄어들면서 현상을 어쩔 수 없다며 받아들여야 할까? 참나무 개체수를 회복하는 데는 지름길이 없을 뿐더러 이제는 다시 심을 공간도 부족하다. 만약 우리가 농경지로 사용하지 않는 땅 중에 교외 개발, 도심 공원, 골프장, 광산 복구 지역

등으로 쓰는 다양한 건설용 부지를 활용한다면 어떨까? 이를 모두 합하면 240만 제곱킬로미터쯤 되는데 이는 미국의 하위 48개 주 총면적의 33퍼센트에 해당하는 넓이다. 과거에는 우리가 이런 장소를 보호구역으로 지정하지 않았다. 우리와 우리가 사용하고 난 찌꺼기들은 여기에, 그리고 자연은 다른 어떤 곳에 깨끗하게 보존해야 한다는 분리 개념이 바탕에 깔려있었기 때문이다. 그러나 이런 상호배제 모델은 완전히 실패했다. 그 결과 오늘날까지 우리를 지탱해온 자연세계를 온전히 유지할 수 있는 무제한의 공간은 턱없이 부족해졌다. 이제 우리에게 남은 유일한 선택지는 사람과 다른 생물들이 같은 공간에서 공존하는 방법을 찾는 것이다. 그러니까 사람이 많이 살고 있는 바로 이곳에 모든 생명이 함께 어우러져 살아갈 수 있는 작은 생태계를 재건해야 한다.

이는 생각보다 훨씬 쉬운 일이다. 가능하면 다양한 생물을 보존하려는 오늘날 우리의 조경 방식이 한때 지구를 뒤덮었던 자연환경, 그러니까 생물다양성이 무척 높고 어디에나 햇볕이 잔뜩 쏟아지던 생태계의 모습을 표방하고 있다는 사실은 행운이다(교외 주택지를 떠올려보자!). 미국 전역(사실은 전 세계 온대지역)에 분포된 낙엽성 숲은 과거에는 지금처럼 어둡고 햇빛이 잘 들지 않는 곳이 아니었다. 오히려 햇빛을 좋아하는 다양한 초원성 식물이 듬성듬성 자라고 그 식물에 의지해 살아가는 곤충, 새,

오늘날 탁 트인 초지 공간은 대부분 플라이스토세 포유류가 멸종하기 전 지구의 사바나 같은 풍경을 닮았다.

포유류, 파충류, 양서류가 다양하게 혼재하는 사바나 환경 같았다는 증거가 속속 등장하고 있다(Mitchell 2004). 숲 구석구석에 그렇게 햇빛이 잘 들었던 대표적인 이유로는 수백 년 넘게 지구를 군림했던 플라이스토세의 포유류를 꼽을 수 있다. 어깨 높이가 3미터쯤 되는 마스토돈 같은 고대 포유류와 높이 4.5미터의 초목에도 닿을 수 있었던 거대한 땅늘보, 현존하는 들소보다 훨씬 덩치가 컸던 1.8톤 무게의 거대한 들소 무리, 낙타, 말, 테이퍼, 페커리 등이 살았던 시절의 얘기다. 플라이스토세 말기에 이런 거대 초식동물이 멸종하면서 북반구의 숲 밀도가 높아져 숲 바닥까지 들어오던 햇빛의 양이 줄어들었고, 결과적으로 햇빛을 많이 받아야 하는 초원성 식물은 자라지 못하게 됐다. 4000제곱미터 당 수백 종의 식물이 자라던 숲은 이제 거의 남아있지 않다. 그래서 내가 하고 싶은 말은, 이제 우리의 거주지와 근무지, 유흥지, 유원지 등 사람이 살아가는 장소를 가리지 않고 각각의 환경에 어울리는 토종식물을 많이 심음으로써 줄어드는 생물다양성을 보충하자는 얘기다. 굳이 물리적으로 거대한 숲을 재건하지 않고도 우리는 이전의 생명력 넘치는 환경을 되살릴 수 있다.

생태적인 시간으로 따지자면, 인류는 찰나의 순간을 산다. 그 짧은 시간 만에 고대 참나무를 다시 불러올 순 없겠지만 회복의 과정을 시작할 순 있다. 아니, 해야만 한다. 나는 우리집 근처에 무수히 많은 참나무를 심었다. 이 나무들의 나이는 아직 열아홉 살밖에 되지 않은 데다 그리 크지도 않다. 그러나 이 글을 쓰는 순간에도 참나무는 계속 자라고 있고 몇몇은 키가 9미터까지 자랐다. 눈 깜짝할 새에 이들은 우리집 마당에서 중요한 위치를 차지할 만큼 성장해 나이 들어 갈 것이다.

이제 시간이 없다. 승자독식을 기반으로 하는 우리의 경제 구조 속에서 손 쓸 수 없이 늘어난 인구는 지구의 40억 년 역사에 여섯 번째 대멸종을 불러왔다. 멸종은 이미 진행 중이다. 당장 행동에 나서지 않는다면 앞으로 몇 년 안에 100만 종 이상의 생명체가 멸종될 위기에 있다(Sartore 2019). 우리가 선량해서가 아니라 수많은 생물종이 우리 삶을 지탱하는 근간인 생태계를 이루고 있기에 그렇게나 많은 종을 잃어버리지 않도록 주의해야 한다. 여기서 '우리'란 지구를 지속가능하게 관리하는 일의 중요성을 이미 알고 있는 몇 안 되는 사람이 아니라 지구에 살고 있는 모든 사람을 말한다. 임박한 종말의 증거만으로도 충분히 심각한 상황이지만 우리가 진정 두려워해야 할 것은 이미 멸종 위기에 처한 동물들의 완전한 멸종만이 아니다. 위기에 처한 동물의 숫자는 더 이상 우리 생태계를 지키는 데 큰 영향을 미치지 못한다. 그보다 더 우려해야 할 것은 오랫동안 우리의 안위를 책임져온 참나무 같은 킹핀kingpin*이 이 세계에서 서서히 사라져가는 일이다. 진심으로 그런 일만은 막아야 한다.

* 전체에서 중요한 사람 또는 물건. 볼링에서는 스트라이크를 치기 위해 꼭 타격해야 하는 5번 핀을 가리킨다.

감사의 말

여러분에게는 별로 중요하지 않을 수도 있겠지만 이 책을 완성하는 데는 우정을 넘어서는 영웅적인 노력이 필요했다. 도토리밤바구미가 남긴 도토리 껍질에 왕국을 건설하는 가슴개미에 대한 이야기를 쓸 때 특히 그랬다. 가슴개미의 사진이 필요했지만 당시 나는 개미에 그다지 빠져있지 않았다. 하지만 내 친구인 스티브 베일은 달랐다. 나는 베일에게 어떤 종이든 상관없으니 가슴개미 군집을 볼 수 있는지 지나가듯이 물었다. 베일은 내가 원했던 개미의 사진을 찾아줬을 뿐 아니라 그것을 전달하기 위해 뉴저지에서부터 우리집 근처의 작은 공항까지 전용기를 타고 날아왔다. 당일배송이라니, 아마존보다 끝내줬다!

참나무 전문가로 유명한 가이 스턴버그도 이 책을 위해 힘을 써줬다. 책에 도토리의 다양한 용도에 대한 내용을 넣기로 결정한 것은 글을 쓰기 시작하고 한참이나 지나서였는데, 당시 미국 전역에서 도토리는 이미 다 떨어지고 난 후였다. 나는 스턴버그에게 혹시 모아놓은 도토리를 조금 얻을 수 있는지 물었다. 결론부터 말하자면 그에겐 도토리가 없었지만 갖고 있을 법한 사람들을 알고 있었다. 스턴버그는 미주리, 조지아, 루이지

아나주의 도토리를 모두 모아 내가 필요한 사진을 찍을 수 있게 도와줬다. 베일과 스턴버그 모두에게 무한한 감사를 전한다.

또 한 가지 구하기 어려웠던 사진은 훌륭한 현미경 사진작가인 사라 브라이트(거대보라부전나비)와 데이브 펑크(여치)가 제공해준 것이다. 책을 쓰며 이 둘을 알게 돼 큰 영광이었다.

이 책에 등장한 모든 연구 프로젝트를 도와준 내 변함없는 조수 킴벌리 슈롭셔와 글을 쓰느라 집중력이 떨어지는 순간(자주 그랬다)을 잘 인내했던 대학원생(이제는 졸업했지만) 데지레 나랑고, 애슐리 케네디 그리고 아담 미첼에게도 감사를 표한다. 마지막으로, 나의 아내 신디의 격려가 없었다면 이 책은 한 줄도, 아니 한 단어도 쓰이지 못했을 것이다. 이렇게 모든 운을 누리며 사는 세상이라니!

부록 1

참나무를 심는 방법

맨 뿌리가 드러난 작은 참나무 묘목이든 그보다 큰 근분묘根盆苗*든 마당에 참나무를 심고 싶다면, 몇 가지 기본적인 지식을 알고 있어야 성공할 확률이 높아진다. 어떤 방법을 선택하든 가장 먼저 할 일은 참나무를 심기에 적절한 장소를 찾는 것이다. 대부분의 참나무는 매우 빠르게 성장한다. 이를 염두에 두고 참나무가 완전히 성숙했을 때 마당에 있는 다른 식물과 공간을 다투지 않도록 거리를 충분히 두고 심어야 한다. 여러분 마당의 10년 후, 20년 후, 30년 후를 그려보는 약간의 상상력이 필요하겠지만 이렇게 계획을 짜는 건 충분히 가치가 있다. 우리가 생각하는 것보다 시간은 훨씬 빠르게 흐르기 때문이다.

각각의 도토리를 따로따로 심기보다 한꺼번에 여러 개를 심을 때는 씨앗 심는 시기도 고려해야 한다. 2월의 글에서 언급했

* 옮겨 심을 때 뿌리에 흙이 붙어있는 상태 그대로 둔 묘목.

듯이 참나무는 3미터 내외 간격으로 두세 그루를 같이 심으면, 자라면서 뿌리가 서로 자연스럽게 얽혀 나중에 위험한 폭풍우가 찾아와도 잘 버틴다. 이렇게 나무들이 이웃해 자라는 건 실제로 숲에서 벌어지는 자연스러운 현상이다. 나는 가능하면 완전히 다 자란 나무를 옮겨 심기보다 도토리를 심어 키우라고 설득하고 싶은데, 도토리는 어디서나 쉽게 구할 수 있고 돈도 들지 않으며 무엇보다도 다 자란 나무를 옮겨 심는 것보다 훨씬 건강한 나무로 자랄 가능성이 높기 때문이다. 도토리가 줄 수 없는 단 한 가지가 있다면 즉각적으로 큰 나무를 감상하는 만족감, 그것뿐이다(어느 정도 크기로 자랄 때까지는 몇 해를 기다려야 한다). 그럼에도 도토리를 심기로 결심했다면 여러분이 따라야 할 몇 가지가 있다.

먼저 어떤 참나무를 심을지를 정한 후 그에 맞는 정보를 찾는다. 갈참나무 도토리는 땅에 떨어진 그 다음 날부터, 그러니까 가을에 싹을 틔운다. 따라서 갈참나무를 심고 싶다면 도토리를 주운 직후에 바로 1센티미터 깊이로 심어야 한다(여러분이 겨울을 나기 위해 도토리를 숨기는 다람쥐나 파란어치가 됐다고 생각해보자). 여러분이 심은 도토리는 봄이 될 때까지 지표 위로는 아무것도 보이지 않겠지만 가을 동안 뿌리를 땅속으로 곧게 뻗어 내릴 것이다. 그와 달리, 루브라참나무는 이듬해 봄이 올 때까지는 싹을 틔우지 않는다. 그렇다고 도토리 줍는 일을 봄까지 미룰 필요는 없다. 봄에 주운 도토리는 겨울 동안 다양한 동물의 공격을 받아 상태가 나빠졌을 가능성이 높기 때문이다. 갈참나무 도토리처럼 루브라참나무 도토리도 가을에 떨어진 것을 주워 바로 심거나, 아니면 물에 적신 초탄과 함께 비닐봉지에 밀봉해 3월 중순까지 냉장고에 보관했다가 꺼내 심는다. 이렇게 해야 긴 겨울 동안 배고픈 설치류들이 창고에서 도토리를 훔치는 것을 막을 수 있다.

도토리를 심을 때 염두에 둬야 할 또 다른 중요한 점이 있다. 참나무가 자랐으면 하는 마당에 도토리를 바로 심으면 싹이 트기도 전에 여러 생물로 인해 상해버릴 가능성이 높다. 그래서 나는 먼저 깊고 물이 잘 빠지는 화분에 마당의 흙을 담아 도토리를 심은 후, 먹이를 찾으러 어슬렁대는 쥐들로부터 한동안 화분을 지켰다. 화분은 겨울 추위를 맞으면서도 극소용돌이*를 피할 수 있는 곳에 두면 가장 좋다. 화분 속의 도토리는 겨울에 땅에서 올라오는 흙의 온기를 받을 수 없다는 사실을 기억해야 한다.

겨울을 나기 위해 넘어야 할 또 하나의 고비는 물 부족이다. 만약 화분을 비나 눈이 주기적으로 내리는 곳에 두지 않는다면 한 달에 한 번 정도는 가볍게 물을 줘서 도토리가 말라죽지 않

---

* 극지방의 대류권부터 성층권에 걸쳐 일어나는 강한 저기압 소용돌이.

게 한다. 그리고 봄이 되어 첫 이파리가 완전히 자랄 때까지 기다렸다가 땅으로 옮겨 심으면 되는데, 그 시기도 너무 늦어서는 안 된다. 도토리나 어린 묘목을 화분에서 오랫동안 키우면 금세 뿌리가 꽉 차버릴 수 있고, 이 경우 옮겨 심은 후 3개월에서 몇 년 안에 나무가 고사하기 쉽다.

이상의 과정 전체가 꽤나 번거로운 일처럼 느껴질 수 있겠지만 실제로 해보면 그렇지 않다. 게다가 커다란 나무를 구매하느라 수천 달러를 쓰는 것보다 훨씬 나은 선택이다. 마당에 커다란 참나무가 자랐으면 하고 바라는 사람은 정말 많지만 그 바람에는 큰 허점이 있다. 일시적인 만족을 위해서, 혹은 묘목을 심으면 나무가 완전히 크는 걸 보기도 전에 자신이 먼저 세상을 뜰 것이라는 잘못된 생각 때문에 많은 사람이 수천 달러를 지불해 직경 7~10센티미터 정도 되는 참나무를 구매한다. 다시 한 번 말하지만, 커다란 참나무를 옮겨 심는 이런 방식은 단점이 너무나 많으므로 '참나무를 얻는 방법' 중에 가장 후순위로 미루는 게 좋다.

도토리를 심는 것과 커다란 나무를 옮겨 심는 것 사이에 합리적인 타협점이 하나 있다. 바로 잔뿌리까지 살아있는 저렴한 묘목을 구매해 심는 것이다. 가지를 모두 잘라내 키가 단 몇 미터밖에 안 되는 휴면기에 접어든 묘목을 고른다. 이런 묘목은 뿌리에 흙이 하나도 남아있지 않기에(그러니까 뿌리가 그대로 드러나 있다) 무게가 가벼워 옮기는 비용도 몇 달러면 충분하다. 뿌리를 감싼 비닐봉지 속에 수분만 충분히 공급해준다면 묘목을 심기 전 며칠 동안은 가만히 내버려둬도 괜찮다. 묘목을 심기에 가장 좋은 시기는 식물 안의 시계가 잠에서 깨어 다시 돌아가기 시작하는 이른 봄이다. 묘목을 심을 구멍은 줄기에서 자연스럽게 퍼져나간 뿌리의 전체 크기보다 3분의 1 정도 더 넓게 파고, 줄기에서 수관이 뻗어 나간 첫 뿌리의 시작점보다는 깊게 파지 않도록 한다. 수관이 땅속에 묻히면 묘목은 고사하고 만다. 어떤 사람들은 구멍을 깊게 판 후 적절한 깊이가 되도록 다시 메우는 방법을 쓰기도 하는데 이는 별로 좋지 않다. 팠다가 다시 메운 흙은 시간이 지나면서 내려앉아 수관이 땅속에 파묻힐 가능성이 있기 때문이다. 묘목을 너무 깊지 않게 심으려면 일단 묘목을 한 손에 잡아 적당한 높이를 유지하면서 흙을 채워주면 좋은데, 이때 묘목 잡은 손을 위아래로 살살 흔들며 뿌리 사이사이로 흙이 충분히 채워지게 해야 한다. 그리고 심은 후 하루 이틀은 자유롭게 물을 준다.

사는 지역에 따라 다르겠지만 여러분이 심은 어린 참나무를 토끼와 사슴 같은 포유류의 공격으로부터 보호해야 할 수도 있다. 나는 묘목을 땅에 심은 후 주위에 1.5미터 높이의 동그란 아연도금 철망을 둘러놨다. 철망의 너비는 어린 참나무가 방해받지 않을 정도로 잡으면 된다. 만약 도토리부터 심어서 키운다면 참나무가 자라는 속도에 맞춰 철망을 더 큰 것으로 바꿔주는 게 좋다. 이런 철망이 미관상 좋지 않다는 사실은 인정하지만 포유류로 인한 피해를 훌륭히 막아준다. 몇 년 동안 참나무를 열심히 돌보다가 철망을 너무 일찍 떼버리는 바람에 사슴이 참나무의 어린 가지를 뜯어먹는 모습을 멍하니 지켜보게 되는 것만큼이나 짜증나는 일도 없을 것이다. 여러분의 참나무가 스스로 위험에서 벗어날 수 있을 정도로 충분히 자랐다면 그때 졸업식을 해줘도 된다. 그 순간이 오면 기쁘게 철망을 떼어내자!

부록 2

책에 나오는 생물 목록

* 국명의 표기는 환경부 국립생물자원관에서 제공하는 국가생물종목록(https://species.nibr.go.kr/index.do)을 기준으로 하되, 아직 국명이 없는 생물의 이름은 원서의 영명을 번역해 적절한 우리말로 옮겼다. 목록 중 검은색으로 적힌 이름은 국명, 회색 이름은 번역 과정에서 우리말로 옮긴 것이다.
* 국명 및 우리말 이름 중 종(種)이 아닌 것은 괄호 안에 분류명을 함께 표기했고, 분류명이 명확하지 않은 것은 그대로 두었다.
* 영명과 학명의 경우, 원서에 표기된 것은 검은색으로, 번역 과정에서 찾은 정보는 회색으로 채워 넣었다.

국명/우리말 이름	영명	학명
가마새	ovenbird	*Seiurus aurocapilla*
가슴개미(속)	Temnothorax	*Temnothorax*
가시뿔매미	thorn bug	*Umbonia crassicornis*
가시참나무민달팽이쐐기나방	spiny oak slug	*Euclea delphinii*
각다귀(과)	gnat	Tipulidae
갈매기무늬민달팽이쐐기나방	early button slug	*Tortricidia testacea*
갈색나무발발이	brown creeper	*Certhia americana*
갈색지빠귀	hermit thrush	*Catharus guttatus*
갈참나무	white oak	*Quercus aliena*

감벨참나무	Gambel's oak	*Quercus gambelii*
강도래(목)	stonefly	Plecoptera
개암나무(속)	hazelnut	*Corylus*
개머루	porcelainberry	*Ampelopsis brevipedunculata*
거대보라부전나비	great purple hairstreak	*Atlides halesus*
검은머리솔새	blackpoll warbler	*Setophaga striata*
검은목녹색솔새	black–throated green warbler	*Setophaga virens*
검은목푸른솔새	black–throated blue warbler	Setophaga caerulescens
겨우살이(과)	mistletoe	Viscum
겨울물결자나방	winter moth	*Operophtera brumata*
겨울자나방	fall cankerworm	*Alsophila pometaria*
고치벌(과)	braconid	Braconidae
곰보버섯(속)	morel	*Morchella*
공벌레(과)	pill bug	Armadilliididae
과수원꾀꼬리	orchard oriole	*Icterus spurius*
과테말라흰꼬리사슴	white–tailed deer	*Odocoileus virginianus*
구멍벌(과)	sphecid	Sphecidae
구족도리풀	wild ginger	*Asarum europaeum*
군집참나무가는나방	gregarious oak leaf miner	*Cameraria cincinnatiella*
굴파리(과)	Leaf miner	Agromyzidae
귀뚜라미(과)	cricket	Gryllidae
그물버섯	bolete	*Boletus edulis*
금줄큰원뿔나방	gold–striped eaftier	*Machimia tentoriferella*
긴꼬리(아과)	tree cricket	Oecanthinae
깔따구(과)	midge	Chironomidae
깡충거미(과)	jumping spider	Salticidae
꼬마버들독나방	satin moth	*Leucoma salicis*
꼬마자루맵시벌		*Mesochorus discitergus*
꽃매미(하목)	planthopper	Fulgoromorpha
꽃산딸나무	dogwood	*Cornus florida*
끝검은왕나비	danaus butterfly	*Papilio plexippus*

나도바랭이새	japanese stiltgrass	*Microstegium vimineum*
니손민달펭이쐐기나방	Nason's slug	*Natada nasoni*
나팔꽃재주나방	morning glory prominent	*Schizura ipomoeae*
낙엽수염나방	ambiguous litter moth	*Lascoria ambigualis*
낙타뿔매미	camel Treehopper	*Smilia camelus*
난쟁이밤나무	dwarf chinkapin oak	*Quercus prinoides*
날다람쥐	flying squirrel	*Petaurista leucogenys*
날도래(목)	caddisfly	Trichoptera
낫발이(강)	proturan	Protura
너도밤나무(속)	beech	*Fagus*
노랑관상모솔새	golden-crowned kinglet	*Regulus satrapa*
노랑날개잎말이나방	yellow-winged oak leafroller	*Argyrotaenia quercifoliana*
노랑목재주나방	yellow-necked caterpillar	*Datana ministra*
노랑어깨민달팽이쐐기나방	yellow-shouldered slug	*Lithacodes fasciola*
노랑조끼큰원뿔나방	yellow-vested moth	*Rectiostoma xanthobasis*
노래기(강)	millipede	Diplopoda
녹색부전나비(아과)	hairstreak	Theclinae
누에나방	silk moth	*Bombyx mori*
누에나방(과)		Bobycidae
느릅나무(속)	elm	*Ulmus*
느티나무(속)	zelkova	*Zelkova*
니사실바티카	black gum	*Nyssa sylvatica*
다람쥐(속)	squirrel	*Tamias*
단풍나무(속)	maple	*Acer*
달링턴참나무	Darlington oak	*Quercus hemisphaerica*
달맞이꽃	evening primrose	*Oenothera biennis*
달팽이	snail	Gastropoda (복족강)*
대벌레(목)	phasmid walkingstick	Phasmatodea
댁스터밤나방	Thaxter's sallow	*Psaphida thaxteriana*
댕기머리박새	tufted titmice	*Baeolophus bicolor*
도토리딱다구리	acorn woodpecker	*Melanerpes formicivorus*

도토리밑두리뿔나방	acorn moth	*Blastobasis glanulella*
도토리밤바구미	acorn weevil	*Curculio glandium*
돌좀(과)	machilid jumping bristletail	Machilidae
동고비(속)	nuthatch	*Sitta*
동방임금딱새	eastern kingbird	*Tyrannus tyrannus*
동백나무(속)	camellia	*Camellia*
되새(속)	finch	*Fringilla*
두점박이긴꼬리	two-spotted tree cricket	*Neoxabea bipunctata*
두줄대벌레	two-striped walkingstick	*Anisomorpha buprestoides*
뒷날개나방	underwing	*Catocala* spp.
들쥐	vole	Arvicolinae(물밭쥐아과)
딱정벌레(과)	ground beetle	Carabidae
땃쥐(과)**	shrew	Soricidae
땅벌(속)	yellowjacket	*Vespula*
로브르참나무	english oak	*Quercus robur*
롱기스피노수스가슴개미	long-spined acorn ant	*Temnothorax longispinosus*
루브라참나무	northern red oak	*Quercus rubra*
루이스딱다구리	Lewis's woodpecker	*Melanerpes lewis*
마크로카르파참나무	bur oak	*Quercus macrocarpa*
말안장쐐기나방	saddleback caterpillar	*Acharia stimulea*
말코손바닥사슴	moose	*Alces alces*
매미나방	gypsy moth	*Lymantria dispar*
매미잡이벌	cicada killer	*Sphecius speciosus*
맵시벌(과)	ichneumonid parasitoid	Ichneumonidae
멕시코수양소나무	Mexican pine tree	*Pinus patula*
멕시코푸른참나무	Mexican blue oak	*Quercus oblongifolia*
멧팔랑나비(속)	duskywing skipper	*Erynnis*

---

* 달팽이는 정확한 학명은 아니고 복족강에 속한 연체동물 중 패각이 있는 생물을 말한다.

** 정확한 국명은 첨서지만 땃쥐라는 우리말이 독자에게 더 친숙하게 느껴질 것 같아 땃쥐로 옮겼다. 첨서는 땃쥐과에 속한다.

모감주나무	goldenraintree	*Koelreuteria paniculata*
북련솔새	magnolia warbler	*Setophaga magnolia*
무당버섯(속)		*Russula*
미국까마귀	american crow	*Corvus brachyrhynchos*
미국느릅나무	american elm	*Ulmus americana*
미국담쟁이덩굴	virginia creeper	*Parthenocissus quinquefolia*
미국밤나무	american chestnut	*Casranea dentata*
미국산초나무	Hercules' club	*Zanthoxylum clava-herculis*
미국생강나무	spicebush	*Lindera benzoin*
미국솔새	northern parula	*Setophaga americana*
미국솔송나무	western hemlock	*Tsuga heterophylla*
미국얼레지	trout lily	*Erythronium americanum*
미국자두나무	wild plum	*Prunus americana*
미국자벌레	common lytrosis	*Lytrosis unitaria*
미국푸른참나무	blue oak	*Quercus douglasii*
미국풍나무	sweetgum	*Liquidambar styraciflua*
미국흰발붉은쥐	white-footed mouse	*Peromyscus leucopus*
미루나무	cottonwood	*Populus deltoides*
미역취(속)	goldenrod	*Solidago* spp.
민달팽이	slug	Gastropoda(복족강)*
바구미(과)	weevil	Curculionidae
박새(과)	chickadee	Paridae
박쥐(목)	bat	Chiroptera
밤나무(속)	chestnut	*Castanea*
방패벌레(과)	lace bug	Tingidae
배롱나무(속)	crepe myrtle	*Lagerstroemia*
버드나무(속)	willow	*Salix*
버들참나무	willow oak	*Quercus phellos*
버지니아참나무	live oak	*Quercus virginiana*

* 민달팽이 역시 정확한 학명은 아니며 복종강에 속한 연체동물 중 패각이 없는 종류를 말한다.

버지니아풍년화	witchhazel	*Hamamelis virginiana*
벚나무(속)	cherry	*Prunus*
보라돌기민달팽이쐐기나방	purple–crested slug	*Adoneta spinuloides*
보리수나무	autumn olive	*Elaeagnus umbellata*
보석나방(과)	jewel caterpillar	Dalceridae
볼티모어꾀꼬리	Baltimore oriole	*Icterus galbula*
부전나비(과)	gossamer–wing butterfly	Lycaenidae
북부갈참나무	northern white oak	*Quercus alba*
북부홍관조	northern cardinal	*Cardinalis cardinalis*
북아메리카나뭇잎베짱이	common true katydid	*Pterophylla camellifolia*
북아메리카대벌레	northern walkingstick	*Diapheromera femorata*
분홍줄무늬산누에나방	pink–striped oakworm	*Anisota virginiensis*
붉은관상모솔새	ruby–crowned kinglet	*Corthylio calendula*
붉은꼬리딱새	redstart	*Phoenicurus phoenicurus*
붉은눈솔새	red–eyed vireo	*Vireo olivaceus*
붉은배도토리딱다구리	red–bellied woodpecker	*Melanerpes carolinus*
붉은스라소니	bobcat	*Felis rufus*
붉은재주나방	red–washed prominent	*Oligocentria semirufescens*
붉은줄무늬까마귀부전나비	red–banded hairstreak	*Calycopis cecrops*
붉은허리발풍금새	eastern towhee	*Pipilo erythrophthalmus*
붉은혹산누에나방	red–humped oakworm	*Symmerista canicosta*
붉은혹재주나방	red–humped caterpillar	*Oedemasia concinna*
블루버드(속)	bluebird	*Sialia*
블루베리	blueberry	*Vaccinium* spp.
뿔매미(과)	treehopper	Membracidae
사시나무(속)	aspen	*Populus*
산분꽃나무(속)	viburnum	*Viburnum*
서양송로	truffle	*Tuber melanosporum*
서울호리비단벌레	emerald ash borer	*Agrilus planipennis*
선녀벌레		*Flatidae*
선충(선형동물문)	nematode	Nematoda

세로티나벚나무	black cherry	*Prunus serotina*
소나무(속)	pine	*Pinus*
솔송나무솜벌레	hemlock woolly adelgid	*Adelges tsugae*
쇠부리딱다구리	yellow–shafted flicker	*Colaptes auratus*
수잔루드베키아	black–eyed Susan	*Rudbeckia hirta*
슈마드참나무	Shumard's oak	*Quercus shumardii*
스키프쐐기나방	skiff moth	*Prolimacodes badia*
스트로브잣나무	white pine	*Pinus strobus*
쌍살벌(아과)	paper wasp	Polistinae
쐐기나방(과)		Limacodidae
쐐기노린재(과)	damsel bug	Nabidae
아메리카너구리(속)	racoon	*Procyon*
아메리카원앙	wood duck	*Aix sponsa*
아스클레피아스(속)	milkweed	*Asclepias*
아카날로니꽃매미	acanaloniid planthopper	*Acanalonia conica*
알니폴리아매화오리나무	sweet pepperbush	*Clethra alnifolia*
애기병꽃나무(속)	bush honeysuckle	*Diervilla*
애꽃노린재(속)	minute pirate bug	*Orius*
애리조나갈참나무	arizona white oak	*Quercus arizonica*
애리조나대벌레	arizona walkingstick	*Diapheromera arizonensis*
양버즘나무	sycamore	*Platanus occidentalis*
얼룩무늬호리병벌	Black–and–White Mason Wasp	*Euodynerus leucomelas*
얼룩밤나방	beloved emarginea	*Emarginea percara*
얼룩솔새	black–and–white warbler	*Mniotilta varia*
얼룩재주나방	checkered fringed prominent	*Schizura ipomaeae*
에드워드까마귀부전나비	Edwards' hairstreak	*Satyrium edwardsii*
에모리참나무	emory oak	*Quercus emoryi*
여왕나비	queens butterfly	*Danaus gilippus*
여치(과)	katydid	Tettigoniidae
연영초(속)	trillium	*Trillium*
오리건갈참나무	oregon white oak	*Quercus garryana*

오리나무면충	alder woolly aphid	*Prociphilus tessellatus*
와피티사슴	elk	*Cervus canadensis*
왕관민달팽이쐐기나방	crowned slug	*Isa textula*
왜콩풍뎅이	japanese beetle	*Popillia japonica*
웃는얼굴밤나방	laugher moth	*Charadra deridens*
유니콘재주나방	unicorn caterpillar	*Schizura unicornis*
유리멧새	indigo bunting	*Passerina cyanea*
유리민달팽이쐐기나방	spun glass slug moth	*Isochaetes beutenmuelleri*
유리알락하늘소	Asian long-horned beetle	*Anoplophora glabripennis*
유베날리스팔랑나비	Juvenal's duskywing	*Erynnis juvenalis*
이오산누에나방	io moth	*Automeris io*
임브리카리아참나무	shingle oak	*Quercus imbricaria*
잎말이나방(과)	leafroller	Tortricinae
자나방(과)	geometer moth	Geometridae
자루코팔랑나비	zarucco duskywing	*Erynnis zarucco*
자작나무(속)	birch	*Betula*
자주루드베키아(속)*	echinacea	*Echinacea*
작은쐐기나방	smaller parasa	*Parasa chloris*
장님노린재(과)	plant bug	Miroidea
재주나방(과)	Notodontid	Notodontidae
점핑지렁이	jumping worm	*Amynthas* spp.
젖버섯(속)	milkcap	*Lactarius*
제왕나비	monarch butterfly	*Danaus plexippus*
좀붙이(강)	two-pronged bristletail	Diplura
주머니쥐(과)	opossum	Didelphidae
주기매미(속)	periodical cicada	*Magicicada*
주황머리원뿔나방	stunning orange-headed epicallima	*Epicallima argenticinctella*
주황줄무늬산누에나방	orange-striped oakworm	*Anisota senatoria*

* 국립생물자원관에서는 '자주천인국'으로 명명했지만 본문에 나오는 다른 루드베키아 종과 같은 무리라는 것을 나타내기 위해 루드베키아라는 이름을 그대로 두었다.

줄무늬까마귀부전나비	banded hairstreak	*Satyrium calanus*
줄무늬올빼미	barred owl	*Strix varia*
줄무늬잎말이나방	striped oak leaftier	
줄무늬팔랑나비	sleepy duskywing	*Erynnis brizo*
쥐며느리(아목)	sow bug	Oniscidea
쥐방울덩굴(속)	pipevine	*Aristolochia*
지네(강)	centipede	Chilopoda
진달래(속)	native azalea	*Rhododendron*
진드기(목)	mite	Acari
진딧물(과)	aphid	Aphididae
진홍참나무	scarlet oak	*Quercus coccinea*
찔레나무	multiflora rose	*Rosa multiflora*
참긴더듬이잎벌레	viburnum leaf beetle	*Pyrrhalta viburni*
참나무(속)	oak	*Quercus*
참나무각시방패벌레	oak lace bug	*Corythucha arcuata*
참나무구멍굴파리	oak shothole leaf miner	*Japanagromyza viridula*
참나무녹색부전나비	white M hairstreak	*Parrhasius malbum*
참나무뒷날개나방	oak underwing	*Catocala nymphagoga*
참나무보석나방		*Dalcerides ingenita*
참나무뿔매미	oak treehopper	*Platycotis vittata*
참나무이파리가는나방	solitary oak leaf miner	*Cameraria hamadryadella*
청설모	red squirrel	*Sciurus vulgaris*
층층나무잎벌	dogwood sawfly	*Macremphytus tarsatus*
칠면조(속)	turkey	*Meleagris*
침노린재(과)	assasin bug	Reduviidae
캐나다박태기나무	redbud	*Cercis canadensis*
캐나다솔새	canada warbler	*Cardellina canadensis*
캐나다채진목	serviceberry	*Amelanchier canadensis*
캐니언참나무	canyon oak	*Quercus chrysolepis*
캐롤라이나굴뚝새	carolina wren	*Thryothorus ludovicianus*
캐롤라이나박새	carolina chickadee	*Poecile carolinensis*

캐롤라이나서어나무	ironwood	*Carpinus caroliniana*
캘리포니아까마귀부전나비	california hairstreak	*Satyrium californica*
켄터키솔새	kentucky warbler	*Geothlypis formosa*
켄트자나방	Kent's geometer	*Selenia kentaria*
콜린메추라기	bobwhite quail	*Colinus virginianus*
콩배나무	callery pear	*Pyrus calleryana*
쿠퍼매	Cooper's hawk	*Accipiter cooperii*
큰떡갈나무	black oak	*Quercus velutina*
큰참나무저녁나방	greater oak dagger moth	*Acronicta lobeliae*
클라드라티스(속)	yellowwood	*Cladratis*
클레이토니아	spring beauty	*Claytonia virginica*
태극나방(과)		Erebidae
톡토기(강)	springtail	Collembola
톱니바퀴침노린재	cogwheel assassin bug	*Arilus carinatus*
튤립나무		*Liriodendron tulipifera*
튤립나무(속)	tulip tree	*Liriodendron*
파란어치	blue jay	*Cyanocitta cristata*
포디수스노린재	Podisus stink bug	*Podisus maculiventris*
폴리페무스누에나방	polyphemus moth	*Antheraea polyphemus*
풀잠자리(과)	Lacewing	Chrysopidae
프로페르티우스팔랑나비	propertius duskywing	*Erynnis propertius*
플란넬나방	puss caterpillar	*Megalopyge opercularis*
필라멘트자나방	filament bearer	*Nematocampa resistaria*
하루살이(목)	mayfly	*Ephemeroptera*
한점자벌레	one-spotted inchworm	*Hypagrytis unipunctata*
해그쐐기나방	hag moth	*Phobetron pithecium*
호두나무잎벌	walnut woolly worm	
호러스팔랑나비	Horace's duskywing	*Erynnis horatius*
호리병벌(아과)	potter wasp	Eumeninae
혹벌(과)	gall wasp	Cynipidae
화살나무(속)	burningbush	*Euonymus*

황금솔새	yellow warbler	*Setophaga petechia*
회색큰다람쥐	gray squirrel	*Sciurus carolinensis*
회색팽나무가지나방	porcelain gray	*Protoboarmia porcelaria*
회청색딱새	blue-gray gnatcatcher	*Polioptila caerulea*
흑곰	black bear	*Ursus americanus*
흑버들	black willow	*Salix nigra*
흑참나무	water oak	*Quercus nigra*
흑호두나무	black walnut	*Juglans nigra*
흰가슴동고비	white-breasted nuthatch	*Sitta carolinensis*
흰나무긴꼬리	snowy tree cricket	*Oecanthus fultoni*
흰눈솔새	white-eyed	*vireoVireo griseus*
흰얼굴땅벌	bald-faced hornet	*Dolichovespula maculata*
흰줄무늬재주나방	lace-capped caterpillar	*Oligocentria lignicolor*
흰줄잎말이나방	white-lined leafroller	*Amorbia humerosana*
흰줄자벌레	fringed looper	*Campaea perlata*
히코리(속)	hickory	*Carya*

참고문헌

Alcock, J. 1998. "Taking the sting out of wasps." *American Gardener* 77:20–21.

Angst, Š. T., et al. 2017. "Retention of dead standing plant biomass (marcescence) increases subsequent litter decomposition in the soil organic layer." *Plant and Soil* 418:571–579.

Bailey, R. K., et al. 2009. "Host niches and defensive extended phenotypes structure parasitoid wasp communities." *PLoS Biology* 7:1–12.

Bossema, I. 1979. "Jays and oaks: An eco-ethological study of symbiosis." *Behaviour* 70:1–117.

Condon, M. A., et al. 2008. "Hidden neotropical diversity: greater than the sum of its parts." *Science* 320:928–931.

Cotrone, V. 2014. "A green solution to stormwater management." Penn State Extension. extension.psu.edu/a-green-solution-to-stormwatermanagement.

Dirzo, R., et al. 2014. "Defaunation in the Anthropocene." *Science* 345:401–406.

Dolbear, A. E. 1897. "The cricket as a thermometer." *The American Naturalist* 31:970–971.

Faaborg, J. 2002. *Saving Migrant Birds.* Austin: University of Texas Press.

Forister, M. L., et al. 2015. "Global distribution of diet breadth in insect herbivores." *Proceedings of the National Academy of Sciences* 112:442–447.

Grandez-Rios, J. M., et al. 2015. "The effect of host-plant phylogenetic isolation on species richness, composition and specialization of insect herbivores: a comparison between native and exotic hosts." *PLoS ONE* 10:e0138031.

Griffith, R. 2014. "Marcescence." Youtube.com (video with narration). Gwynne, D. T. 2001. *Katydids and Bush-crickets.* Ithaca, N.Y.: Comstock Publishing Associates.

Hanberry, B. B., and G. J. Nowacki. 2016. "Oaks were the historical foundation genus of east-central United States." *Quaternary Science Reviews* 145:94–103.

Heinrich, B., and R. Bell. 1995. "Winter food of a small insectivorous bird, the Golden-crowned Kinglet." *Wilson Bulletin* 107:558–561.

Janzen, D. H. 1968. "Host plants as islands in evolutionary and contemporary time." *The American Naturalist* 102:592–595.

———. 1973. "Host plants as islands, ii: competition in evolutionary and contemporary time." *The American Naturalist* 107:786–790.

Kelly, D., and V. L. Sork. 2002. "Mast seeding in perennial plants: why, how, where?" *Annual Review of Ecology and Systematics* 33:427–447.

Kerlinger, P. 2009. *How Birds Migrate*. Mechanicsburg, Pa.: Stackpole Books.

Koenig, W., and J. Knops. 2005. "The mystery of masting in trees." *American Scientist* 93:340.

Koenig, W. D., et al. 2018. "Effects of mistletoe (Phoradendron villosum) on California oaks." *Biology Letters* 14:20180240.

Korner, C. 2017. "A matter of tree longevity." *Science* 355:130–131.

Krauss, J., and W. Funke. 1999. "Extraordinary high density of Protura in a windfall area of young spruce plants." *Pedobiologia* 43:44–46.

Logan, W. B. 2005. Oak: *The Frame of Civilization.* New York: W. W. Norton.

Mitchell, F. J. G. 2004. "How open were European primeval forests? Hypothesis testing using paleoecological data." *Journal of Ecology* 93:168–177.

Mitchell, R. J., et al. 2019. "Collapsing foundations: the ecology of the British oak, implications of its decline and mitigation options." *Biological Conservation* 233:316–327.

Morton Arboretum. 2015. mortonarb.org/science-conservation/globaltree-conservation/projects/global-oak-conservation-partnership.

Narango, D., et al. 2017. "Native plants improve breeding and foraging habitat for an insectivorous bird." *Biological Conservation* 213:42–50.

———. 2018. "Nonnative plants reduce population growth of an insectivorous bird." *Proceedings of the National Academy of Sciences* 115:11549–11554.

Ostfeld, R. S., et al. 1996. "Of mice and mast." *BioScience* 46:323–330.

Pearse, I. S., et al. 2016. "Mechanisms of mast seeding: resources, weather, cues, and selection." *New Phytologist* 212: 546–562.

Platt, H. M. 1994. Foreword to *The Phylogenetic Systematics of Free-living Nematodes* by S. Lorenzen and S. A. Lorenzen. London: The Ray Society.

Ponge, J., et al. 1997. "Soil fauna and site assessment in beech stands of the Belgian Ardennes." *Canadian Journal of Forest Research* 27:2053–2064.

Richard, M., D. W. Tallamy, and A. Mitchell. 2018. "Introduced plants reduce species interactions." *Biological Invasions* 21:983–992.

Rosenberg, K. V., et al. 2019. "Decline of North American avifauna." *Science* 366:120–124.

Sartore, J. 2019. "One million species at risk of extinction, UN report warns." nationalgeographic.com/environment/2019/05/ipbes-unbiodiversity-report-warns-one-million-species-at-risk/#close.

Sourakov, A. 2013. "Two heads are better than one: false head allows *Calycopis cecrops* (Lycaenidae) to escape predation by a jumping spider, *Phidippus pulcherrimus* (Salticidae)." *Journal of Natural History* 47:15–16.

Southwood, T. R. E., and C. E. J. Kennedy. 1983. "Trees as islands." *Oikos* 41:359–371.

Svendsen, C. R. 2001. "Effects of marcescent leaves on winter browsing by large herbivores in northern temperate deciduous forests." *Alces* 37:475–482.

Sweeney, B. W., and J. D. Newbold. 2014. "Streamside forest buff er width needed to protect stream water quality , habitat, and organisms." *Journal of the American Water Resources Association* 50:560–584.

Sweeney, B. W., and J. G. Blaine. 2016. "River conservation, restoration, and preservation: rewarding private behavior to enhance the commons." *Freshwater* Science 35:755–763.

Tallamy, D. W. 1999. "Child care among the insects." *Scientific American* 280:50–55.

Tallamy, D. W., and W. P. Brown. 1999. "Semelparity and the evolution of maternal care in insects." *Animal Behavior* 57:727–730.

Yeargan, K. V., and S. K. Braman. 1989. "Life history of the hyperparasitoid *Mesochorus discitergus* and tactics used to overcome the defensive behavior of the green cloverworm." *Annals of the Entomological Society of America* 82:393–398.

찾아보기

ㄱ

ㄴ

ㄷ-ㄹ

ㅁ

ㅂ

ㅅ

ㅇ

ㅈ

ㅊ

ㅌ

ㅍ

ㅎ

참나무라는 우주

The Nature of Oaks

초판 1쇄 발행 2023년 9월 15일

지은이 더글라스 탈라미
옮긴이 김숲
펴낸이 박희선
디자인 디자인 잔

발행처 도서출판 가지
등록번호 제25100-2013-000094호
주소 서울 서대문구 거북골로 154, 103-1001
전화 070-8959-1513
팩스 070-4332-1513
전자우편 kindsbook@naver.com
블로그 www.kindsbook.blog.me
페이스북 www.facebook.com/kindsbook
인스타그램 www.instagram.com/kindsbook

ISBN 979-11-86440-98-8 (03400)